口絵1　セイヨウタンポポ（p.8参照）
代表的な帰化植物とされるが，在来種との雑種個体が拡大していることがわかってきた．

口絵2　ハナニラ（奥はショカツサイ）
一面に咲き誇っているが，人為的に植えられたものではない．

口絵3　セイタカアワダチソウ（p.97, p.134参照）
陣地強化-拡大型雑草の代表種．

口絵4　タケニグサ（p.96参照）
陣地強化型雑草．成長すると人の背丈を超える．

口絵5　カタバミ（p.96参照）
好適な環境を求めて周囲に広がっていく陣地拡大型雑草．

口絵6　ツユクサ（p.96参照）
環境条件に従い形態を変える，使い分け型雑草．

（口絵1～5　撮影：林　倉一郎，口絵6　撮影：根本正之）

口絵7　都会の空き地の二次遷移（p.114参照）
耕作放棄畑とは異なり，放棄前の立地条件が
かなり違うために，さまざまな雑草がモザイ
ク状に発生する．
A：放棄1年目・春
B：放棄2年目・夏
C：放棄2年目・夏
D：放棄2年目・秋
E：放棄2年目・秋

（撮影：林　倉一郎）

口絵8　人間の干渉の度合いによる優占雑草の変化（p.168参照）
人の通り道ではシバが，それ以外の場所ではススキが優占雑草となっている．

(口絵8・9　撮影：林　倉一郎)

口絵9　目地に形成された雑草群落
よく見ると，水分や日照の条件，踏みつけの度合などにより棲み分けがなされていることがわかる．

口絵10　雑草の除草剤抵抗性（p.63参照）
A，B：除草剤抵抗性生物型のミズアオイ．
　　　（提供：森田弘彦）
C：抵抗性生物型のコナギ（左）と感受性生物型のコナギ（右）．スルホニルウレア系除草剤を添加して水栽培した結果，新根の伸長に著しい差が生じている．
　　　（提供：冨永　達）

口絵11　特定外来生物（第一次指定）に指定された帰化雑草（p.148参照）
A：ナガエツルノゲイトウ，B：ブラジルチドメグサ（村岡哲郎氏原図），C：ミズヒマワリ．

口絵12　絶滅危惧種となっている雑草（p.8, p.154参照）
A：ヒキノカサ，B：ミズマツバ，C：デンジソウ．

（口絵11・12　提供：森田弘彦）

雑草生態学

根本正之
編著

村岡裕由
冨永　達
髙栁　繁
森田弘彦
著

朝倉書店

執 筆 者

根本 正之（ねもと まさゆき）	東京農業大学地域環境科学部
村岡 裕由（むらおか ひろゆき）	岐阜大学流域圏科学研究センター
冨永 達（とみなが とおる）	京都大学大学院農学研究科雑草学分野
髙柳 繁（たかやなぎ しげる）	元 中央農業総合研究センター耕地環境部
森田 弘彦（もりた ひろひこ）	中央農業総合研究センター北陸研究センター

（執筆順）

は　じ　め　に

　私たちの身近な仲間，雑草の社会は二つの点で大きく様変わりしている．一つめは雑草社会の中で起こっている変化であり，二つめは雑草に対する人間の接し方の変化である．

　化学肥料や農薬をふんだんに使った"多投入・多収穫型"の食料生産の中で，除草剤による見事なまでの雑草管理が作物生産量を増大させたことは間違いない．反面，雑草たちの社会は，水田や畑の中にとどまらず，周辺の農村域の半自然を棲み家としているものにいたるまで，著しい改変をせまられることになったのである．雑草の中にさえ，希少種や絶滅危惧種に指定されるものが出てくるようになった．これまで農村域で私たちの目を和ませてくれた益草とでもいうべき雑草は姿を消し，数多くの帰化雑草たちがのさばり，はびこっている．

　二つめは，上述のような身近な自然で起こっている人里植物を含む広義の雑草社会の変化に対して，これまでどちらかといえば食料生産一辺倒だった国民の意識が，新・生物多様性国家戦略を契機に大きく変化していることである．私たちの原風景である農村景観を構成してきた，広義の雑草たちを保全することの必要性に気づきはじめたのだ．もちろん，今まで研究の対象となってきた数多くの雑草類が作物の収量を低下させることにかわりはないので，環境に負荷のかからない生態学的手法で管理する必要があることは言うをまたない．

　編者の恩師にあたる故沼田眞先生は戦後の早い時期から応用生態学のあり方について論じておられ，先生のお考えに立脚して草地，耕地，森林の生態学的研究をまとめた好著がシリーズで出版された．先生自身，雑草生態学には造詣が深かったが，ついに雑草生態学の書は出ずじまいとなった．沼田先生の雑草生態学は，それを農学と一般生態学の架け橋としてとらえ，雑草の生態的な特性を利用した雑草管理や立地診断にもとづく作物生産力の向上にあった．ではあるが，雑草を取りまく昨今の状況を勘案すれば，沼田先生の視点にとどまらず，伝統的な農村景観の重要な構成要素であるススキやチガヤ群落などを保全

することも，雑草生態学の研究分野に含めるべきであろう．

　本書は雑草の生態的な制御や侵入帰化植物の問題だけではなく，益草になりうる希少種の半自然生態系における保全までも視野に入れ，広く雑草に関心をお持ちの一般市民から学生，研究者の方々を対象に，雑草個体の生理生態から群落までのレベルで観察される，さまざまな現象について解説したものである．

　本書では，まず1章を編者が執筆することによってその意図するところをあらかじめ知っていただき，執筆者の得意とする分野を中心に各章をまとめていただいた．そのため全体を通読すると用語の使い方が若干異なる部分もあるが，あえて統一しなかった．今日の雑草学が抱えている多くの問題を早急に解決するためには，是非とも皆さんに生態学的なものの見方を身につけていただきたいと思う．また今後は皆さんから本書に対する忌憚のないご意見をお寄せいただき，さらに雑草生態学を充実していきたいと願っている．

　本書の出版にあたっては，企画いらい朝倉書店編集部に一方ならずお世話になった．深く敬意と謝意を表したい．

　2006年3月

根本正之

目　　　次

1章　雑草生態学への招待 ……………………………………………[根本正之]…1
　1.1　はじめに……………………………………………………………………1
　1.2　雑草の起源…………………………………………………………………2
　1.3　人工，半自然生態系の特性………………………………………………4
　1.4　半自然生態系における雑草の位置………………………………………7
　1.5　雑草生態学の構成…………………………………………………………8

2章　雑草の生理生態——光合成のための資源の獲得と利用…[村岡裕由]…12
　2.1　はじめに……………………………………………………………………12
　2.2　植物にとっての光環境……………………………………………………13
　　　コラム1　成長解析……………………………………………………15
　2.3　植物の光合成反応と環境条件……………………………………………17
　2.4　光合成能力の季節変化……………………………………………………24
　2.5　光環境と光合成……………………………………………………………25
　　　a.　光合成の光馴化………………………………………………………25
　　　b.　葉面配向による受光調整……………………………………………26
　　　c.　群落内での受光と光合成……………………………………………27
　　　d.　強光環境での受光と光合成…………………………………………31
　2.6　草本植物の成長パターンと資源の獲得…………………………………34
　2.7　群落の光合成………………………………………………………………36
　　　コラム2　層別刈り取り法……………………………………………37
　2.8　本章のまとめ………………………………………………………………39

3章　雑草の生活史——戦略とその特性 ………………………………[冨永　達]…42
　3.1　はじめに……………………………………………………………………42
　　　コラム3　雑草の生活史戦略とr-K選択説，C-S-R戦略説……………44

3.2 生活環 …………………………………………………………46
3.3 種子休眠性と埋土種子集団 …………………………………49
3.4 発芽から開花 …………………………………………………54
3.5 雑草の繁殖 ……………………………………………………56
 a. 種子繁殖 ……………………………………………………57
 b. 栄養（無性）繁殖 …………………………………………58
3.6 散布と定着 ……………………………………………………60
 コラム4 雑草の除草剤抵抗性生物型 ………………………63
3.7 水田雑草と畑雑草の生活史特性 ……………………………64

4章 作物と雑草の相互作用系 …………………………[髙柳　繁]…69
4.1 侵入者としての雑草 …………………………………………69
4.2 作物と雑草の競争 ……………………………………………70
 a. 光競争 ……………………………………………………71
 b. 水分競争 …………………………………………………74
 c. 養分競争 …………………………………………………76
4.3 雑草害の早期予測・診断 ……………………………………78
 a. 静的回帰モデル …………………………………………79
 b. 動的メカニズムモデル …………………………………82
 c. 雑草害早期診断法（プログラム）………………………85
4.4 雑草の許容限界 ………………………………………………88

5章 雑草群落の動態と遷移 ……………………………[根本正之]…93
5.1 はじめに ………………………………………………………93
5.2 雑草類の空間占有特性 ………………………………………94
 a. 雑草の生育型戦術 ………………………………………94
 b. 生育型戦術の定量化 ……………………………………97
 c. 茎や根による栄養繁殖パターン ………………………98
5.3 優占種-ギャップ-侵入雑草システム ………………………101
 a. 優占種の生育型 …………………………………………101
 b. ギャップの形成要因 ……………………………………105

c. ギャップの性質と侵入雑草の定着 ……………………………107
　5.4 非農耕地における雑草群落の遷移……………………………………108
　　　a. 群落の構成員を決める要因 …………………………………108
　　　b. 植生遷移の概念 ………………………………………………109
　　　c. 遷移の過程 ……………………………………………………110
　　　d. 二次遷移の仕組み ……………………………………………113
　5.5 雑草群落の動態と他感作用…………………………………………116
　　　a. 遷移系列上の優占種にみられる他感作用 …………………116
　　　b. 群落動態にかかわる他感作用研究の課題 …………………119
　5.6 草地と非農耕地の雑草群落…………………………………………120
　　　a. 人工草地の雑草群落動態 ……………………………………120
　　　b. 放牧利用と雑草群落 …………………………………………122
　　　c. 非農耕地の雑草群落 …………………………………………124
　　　コラム5　遷移度 ………………………………………………125

6章　帰化植物の侵入と生態系の攪乱 ……………………［森田弘彦］…128
　6.1 日本における植物の記録と「帰化」の把握……………………………129
　6.2 侵入年代による帰化植物の区分……………………………………132
　　　a. 侵入年代と侵入種数の推移 …………………………………132
　　　b. 帰化年代を調べる ……………………………………………133
　　　c. 在来の耕地雑草の多くが含まれる史前帰化植物 …………134
　　　d. 新（現代）帰化植物の侵入経路 ……………………………137
　6.3 帰化植物の生態的特性と農耕地での雑草化を促す要因……………141
　　　a. 帰化植物の生態的特性 ………………………………………141
　　　b. 帰化植物の農耕地での雑草化要因 …………………………141
　　　c. 景観に与える影響 ……………………………………………145
　6.4 帰化植物の法的規制——外来生物法…………………………………147
　　　a. 外来生物法の骨格と対象植物 ………………………………147
　　　b. 外来生物法における帰化雑草の扱い ………………………149

7章　半自然生態系の特性とその雑草診断 ……………[根本正之]…153
　7.1　はじめに…………………………………………………………153
　7.2　半自然生態系の種多様性………………………………………154
　　a.　非農耕地の雑草群落の特性 …………………………………154
　　b.　多種共存のメカニズム ………………………………………154
　　c.　生態系の安定性と種多様性 …………………………………158
　　d.　帰化雑草と希少雑草の生態的特性 …………………………159
　　コラム6　生物多様性の危機をもたらす要因 …………………161
　　コラム7　Grimeの猫背（humped-back）モデル ……………161
　7.3　半自然生態系の健全さを診断する物差し……………………164
　　a.　群落の現況把握のための物差し ……………………………164
　　b.　雑草管理のための物差し ……………………………………167

索　　引 …………………………………………………………………171

1章　雑草生態学への招待

1.1　はじめに

　本書は，人の息がかかった人工生態系や半自然生態系の中で，たくましい生命力を発揮するため，うとましく思われてきた植物である雑草の生態をテーマに，いくつかの異なる視点から解説したものである．

　ところで一般に，雑草はどのような植物であると思われているのだろうか．『広辞苑』によれば，雑草は「自然に生えるいろいろな草．また，農耕地で目的の栽培植物以外に生える草」で「たくましい生命力のたとえに使われる」となっている．この解釈では狭い意味での耕地雑草を含む，自然に生えてくる草はすべて雑草と呼称してよいことになる．後述する人里植物のほか，まったく人の息のかからない自然域を生息域とする野草も，雑草に含まれることになる．しかし本書では，主として人の息がかかった場所に生息する植物を雑草として取り扱うので，野草と雑草は一線を画したい．

　一方，雑草を調査・研究の対象としてきた研究者たちは，2つの異なる視点からそれを定義した（伊藤，1993）．すなわち，①人間の側の意識や価値判断にもとづくものと，②植物としての特性に立脚したもの，である．前者の事例としては，アメリカ雑草学会の学術用語委員会（1985）が定義した「雑草とは人類の活動と幸福・繁栄に対して，これに逆らったり，これを妨害したりするすべての植物」や，半澤洵がその著『雑草学・全』（1910）で述べている「雑草とは人類の使用する土地に発生して，人類に直接あるいは間接に損害を与える植物」などがある．もっとも彼の著で損害を与える雑草の中には，時と場合によっては食用，薬用，飼料，観賞に供するなどの効用を発揮するものがあることについても述べられている．さらに本書でも述べている立地の分類（7章

参照）や水質の鑑定に雑草を使うという半澤の考えは，西欧の文献を引用したものとはいえ，その先見の明に驚かされる．

半澤の『雑草学・全』は，わが国で初めて雑草学を体系的に取り扱った名著であるが，その中で彼は「わが国や中国では農書や農事に関する記事の中に雑草という語を記したものはきわめて稀で，普通は『草』，あるいは『田草』と書いてある」という．その後，明治以降の農業書において，「草」や「田草」に「雑草」があてられるようになったという．また英語の weed，独語の Unkraut の訳語としても「雑草」が使用されるようになった．

後者の，植物としての特性による定義としては，R.M. Harper (1944) の「人間の活動によって大きく変形された土地に自然に発生・生育する植物」や，笠原安夫 (1971) の「絶えず外的な干渉や，生存地の破壊が加えられていないとその生活が成立・存続できないような特殊な一群の植物」などがある．本書では後者の視点から「雑草（広義）とは人の手の加えられた空間に自然発生し，そこで生活史をまっとうできる一群の植物」と定義したい．

このように雑草は2つの視点から定義され研究されてきたが，これまでの関心事はもっぱら前者の視点から，雑草を人間の育ててきた作物に対する妨害者としてとらえ，それを抑えこむことに力点が置かれていた．したがって妨害者とみなされた雑草の防除や管理に対する具体的方法と，その基礎となる科学的知見の追究に主眼が置かれていたことは間違いない．この点に関しては半澤の『雑草学・全』以来，今日まで一貫しているといえる．

1.2 雑草の起源

雑草はいつから私たちと生活空間をともにするようになったのであろうか．中央ヨーロッパでは農耕が開始される以前から，雑草のように裸地にすばやく侵入し，優占することができる colonizer（すみつき植物：笠原訳）とよばれる一群の植物が存在していたことが，花粉学によって明らかにされている (Holzner & Numata, 1982)．イギリスにおいても氷河期の泥炭層（BC 57000）から，colonizer に属するヨモギ，スイバ属，ナデシコ，セリ科の花粉や散布器官が発見された．さらに農耕以前の晩氷期（BC 10000〜BC 8800）の地層からは，森林の中では育つことのないハチジョウナ，ニワヤナギ，ヤエム

グラ，アカザなどの散布器官が見つかっている（Godwin, 1960）．

融解と凍結の繰り返された氷河の外縁部は，いち早く生育範囲を拡大することができる colonizer の理想的な生育地であったろう．その後，温暖化が進み氷河がすっかり後退してしまうと，そこは多年草の密な植生となり，さらには森林へと遷移が進行した．そのため colonizer の生育立地は，乾燥した河床，薄く土層によって覆われた岩の露出した場所，川や湖の土手や海岸のように風，火，雪崩などの要因によって森林の成立しない場所など，非常に限られてしまった．しかし5000年前から始まった人間による農業活動によって，colonizer は長い時をまつことなく，攪乱された広大な土地の提供を受けることになった．

多くの発掘調査の結果，新石器時代の遺跡から，作物や食料に供されたであろう種子に混入して，多くの雑草を裏づけるものが発見されている．BC 4000 から BC 1000 までの長期間にわたる地層から得られた，中央ヨーロッパの雑草リストはよく似ている（Holzner & Numata, 1982）．特徴的なことは，比較的草丈の高くなる種が多いことである．しかし鉄鎌が普及してくると，草丈の低いものが多くなった．この事実は，収穫の仕方が変わったことで，雑草フローラが大きく変化したことを物語っている．雑草は，人間による農業というさまざまな管理条件に適応しつつ，進化してきたのである．

有史以前の耕地植生の特色はほかに，隣接地と共通する多年生草が多いことと，夏型一年生草の割合が多いことがあげられる．前者は耕起の深度が浅かったことに由来し，後者は冬作がなかったためと考えられる．このように，雑草フローラは耕起や作物の播種，収穫法の違いに適応するかたちで変化してきた．

笠原（1977）によれば，雑草の起源は以下の4つに大別できるという．すなわち，

- ① 氷河の溶解，洪水，山崩，地震，噴火などによって生じた自然の裸地に長いあいだに適応した植物が，新石器時代またはそれ以降に人が拓いた耕地に侵入したもの
- ② 作物の成立にともない，近縁野生種から雑草化したもの
- ③ 作物の形状・習性に酷似した擬態雑草
- ④ 古代に利用・栽培された植物が破棄または脱出したもの

①は上述した colonizer に由来する雑草であり，②〜④は農耕にともなって進

化した雑草である．②については，イネ，コムギ，オオムギ，エンバク，ジャガイモ，アブラナ，アマなど主要作物の起源地の周辺には，類縁の野草型や雑草型が作物を取りまいて生育することが知られている．③はアマ畑のアマナズナ，アマドクムギ，トゲナシヤエムグラがよく知られている．また水田に発生するタイヌビエも擬態雑草である．笠原は，④に該当するであろう雑草が含まれるリストを示したが，具体的な内容にはふれていない．

以上，雑草の起源について概述したが，現在みられる水田や畑の雑草のうち，日本固有の種は畑のイネ科雑草であるネザサと，水田のオモダカ科のアギナシの2種にすぎない（笠原，1977）．ほかは外国からさまざまな方法で侵入してきたか，外国との共通種であるという．宮脇（Miyawaki, 1960）によって，日本の水田雑草は植物社会学的には5つのアソシエーションに分けられること，また世界中の水田雑草も含め，それらはイネと同じく東南アジアのモンスーン気候下で生育していたことがわかった．日本の耕地雑草（Miyawaki, 1969）や踏み跡雑草（Miyawaki, 1964）についても群落分類が行われている．

1.3 人工，半自然生態系の特性

雑草は人工あるいは半自然生態系を生活域とする植物であるとはじめに述べたが，それらの生態系にはどのような特性が備わっているのだろうか．生態系とは生物群集とその生活に関与する無機的環境からなる系のことで，A.G. Tansley（1935）が提唱した概念である．生態系は人の手の加わり方とその程度にしたがって，人工，半自然（半人工）および自然生態系の3つのカテゴリーに分けることができる．人工生態系は当該生態系の枠組みとなる要素が人によって持ちこまれたり構築されたものであり，生物群集と無機的環境の双方が人間によって十分に管理されている．管理の程度によって，作物の種子にいたるまでのすべてがコントロールされている植物工場から，生物群集の主体となる目的生物（作物，木材，牧草，芝生など）が人によって持ちこまれ，それを育てるための立地を新たに構築する水田や畑などの農耕地，人工林，人工草地，ゴルフ場などが人工生態系に該当するだろう．このような人工生態系に自然発生してくるのが狭義の雑草で，なかでも定期的に耕起の繰り返される農耕地へ侵入・発生するものは耕地雑草といわれる．

人工生態系の対極にある自然生態系は，天然のままでまったく人為の加わっていない生態系であり，そこに自然発生・生育している草本植物は，山草，野草とよばれている．しかし自然生態系内に広義の雑草の自然発生がまったくみられないわけではなく，このような場合は後述のように環境雑草という．ところで人間が関与するオゾン層の破壊や温暖化が地球規模で発生している現在，厳密な意味での自然生態系はないのかもしれない．

3つめの半自然生態系は，上記の2つの系の中間に位置づけることができる．半自然生態系は見方を変えれば半人工生態系といってもさしつかえないが，この両者をより自然的な半自然生態系と，より人工的な半人工生態系に分けることも可能であろう．ただこのような仕分けは一般的でないので，本書では両者を半自然生態系で代表させることにする．

多くの半自然生態系では意識的に人間が持ちこんだ植物は存在しないが，そこに自然に発生してくる植物の大半は，狭義の雑草と同様に長い人類の歴史の中で人間の影響を受けつつ育まれてきた，人里植物といわれるものである．現在の日本でみられる人里植物はカナムグラ，イヌタデ，オヒシバなどの史前帰化（笠原，1977）を含めるなら，ほとんどが帰化植物であり，人間によって持ちこまれたものばかりだ（図1.1）．

半自然生態系に属する具体的な系は，農耕地周辺部にある畦畔，農道，堆肥場，農家の庭先のほか，空地，堤防，街路，高速道路の法面，鉄道線路など，なんらかのかたちで人の手が加わった生態系である．そしてこのような場所に，人里植物は自然発生してくる．ただし，近年まで自然生態系であった場所は，その植生が完全に破壊されないかぎり，当初はそこに残存していた多くの

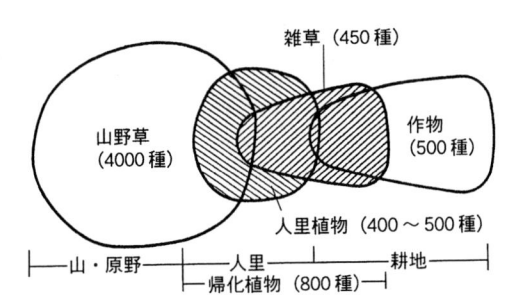

図 1.1 日本における山野草，人里植物，帰化植物，雑草および作物の生育地と種類数（笠原，1971）
注）帰化植物は史前帰化種を含む．

野草が発生してくるだろう．その後，人為的な干渉が繰り返されることによって野草は消滅し，人里植物が増加してくる．

狭義の雑草と人里植物は，その生育場所からもう少し細かく分類されることもある．Holznerら（1982）は畑地や果樹園・プランテーションなどの農地に生える雑草をagrestalとし，ごみ捨て場・道端・鉄道線路など人の息のかかった場所の雑草は本書と同じく人里植物，放牧地・採草地・芝生地の雑草を草地雑草，水路に生えるものを水生雑草，人工林の苗床や造林地内に生えるものを森林雑草，自然生態系に侵入するものを環境雑草（environmental weeds）とよび，雑草を6つのタイプに分けている．なお，土地に固有な景観を乱すよ

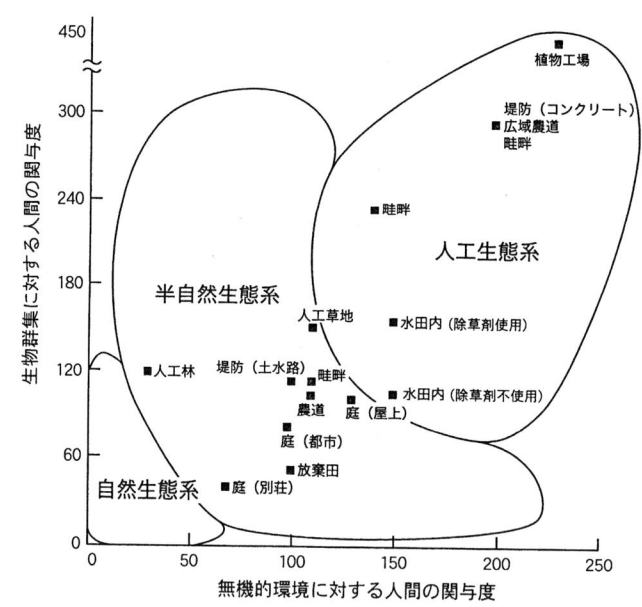

図1.2 さまざまな生態系に対する人間の影響
以下の算式で無機的環境と生物的環境に対する人間活動の影響を数値化し座標上に表示した．
【x軸 無機的環境にかかわるインパクト】
 $x =$ ①＋②
  ①：当該立地のうち造成により攪乱を受けた場所の割合（%）
  ②：利用と管理にともなう人間による立地の攪乱（%）
【y軸 生物群集に対するインパクト】
 $y =$ ③×i
  ③：生物の生存期間に対し人間が関与した時間の割合（%）
  i：関与の内容に応じたインパクト係数
   （踏みつけ0.5/草抜き0.7/草刈り1.0/火入れ5.0/除草剤10.0/農薬3.0/施肥（有機）1.0/施肥（化学）3.0/植栽・田植え5.0/種子侵入防除0.1/など）

うな雑草についても，environmental weeds という場合がある（6章）．

半自然生態系に属する具体的な生態系がどのようなかたちで人間の影響を受けているのか理解するうえで，系を構成している生物群集（y 軸）に対するインパクトと，その無機的環境（x 軸）にかかわるインパクトとに分けて座標づけしたのが図1.2である．生物群集に対するインパクトは草刈り，火入れ，踏みつけなどの定期的あるいは不定期な干渉の程度を指標にすれば明らかになるだろう．一方，無機的環境に対するインパクトは，たとえば田畑の開墾など新たに地盤を構築したり，基盤整備にともなう用排水路や畦畔のコンクリート化などの改変の程度を指標にすればよい．人間による関与の仕方のいかんで生態系の反応（response）は大きく異なってくるだろう．除草剤を散布しつづけるのと同様，コンクリートによる構造物の構築は，生態系の特性を大幅に改変する．

1.4　半自然生態系における雑草の位置

本書では，人工生態系に発生する狭義の雑草と半自然生態系をおもな生育地とする人里植物をあわせて広義の雑草とし，それらの生態を明らかにしていきたい．ところで人里植物の生育する半自然生態系は人間によって絶えず撹乱されるから，オオバコ，カゼクサ，ニワホコリなどの踏み跡植物やシロザ，アオビユのような好窒素性植物といわれるものが多い．

人里植物とは ruderal の訳語であり，「屑や瓦礫の中や，かき乱された場所に生える植物」（Lincoln et al., 1982）であったり，「雑草のように撹乱された場所に生える植物」（Carpenter, 1962）である．また，近年の植物生態学では ruderal を Grime (2001) の3戦略説（three strategy theory）の1つとして言及することもある．撹乱の程度が高く，ストレスの程度が低い環境で進化すると考えられる一群の植物が ruderal である．この場合は撹乱依存者という訳語があり，必ずしも人間による撹乱をともなわなくてもよい，生態学的な概念である．

人間はなんらかの目的をもって自然にインパクトを与えてきたが，積極的に変化させてきたのが，作物に代表される，利活用するために導入された植物である．一方，人間がはたらきかけた結果，期せずして発生してきたのが広義の

雑草である．農耕が開始された当初は人間がはたらきかけた生態系はどこも自然そのものであり，colonizerから雑草といわれる種群の分化はまだみられなかったろう．翻って，現在の半自然生態系は，その大半が過去において人間の影響を繰り返し受けてきた場所にある．それでも半自然生態系の植生を構成する雑草の割合は，都市近郊と自然生態系のいまだ残存している農村とでは，人間が生態系に及ぼしてきた歴史の長さと広がりの違いによって大きく異なるであろう．たとえば大規模な基盤整備を行ったとしても，付近に帰化植物の生えている既存の人工あるいは半自然生態系が存在しない中山間地では，セイタカアワダチソウなどの帰化雑草はなかなか侵入してこない．

明治時代以前に帰化した植物は，すでに私たちの歴史的，文化的景観の構成要素になっているという理由で，近年それが減少あるいは絶滅の危機にある場合，レッドデータブックに記載され，保護・保全の対象となることが多い．

ところで，最近私たちが国営昭和記念公園で行った調査によると，公園内のセイヨウタンポポと考えられていたものの99％は，セイヨウタンポポとニホンタンポポとの雑種であることが判明した．もしこれが全国的な傾向であるなら，帰化植物であるセイヨウタンポポを追い出して雑種が置換帰化したことになるし，セイヨウタンポポは絶滅危惧種になるであろう．このセイヨウタンポポを保全する必要がないというのなら，もともと帰化植物であったミズオオバコやスブタを保全する意味があるのだろうか．セイヨウタンポポは昭和世代の原風景にはなりえないのか．現状では帰化植物はどの時代に帰化したかで線引きし，保護の対象となったり駆除の対象になったりするわけで，人工から半自然域における生物の保護・保全はきわめて恣意的であるといわざるをえない．

1.5　雑草生態学の構成

沼田・荒井（1954）は雑草生態学を森林生態学や草地生態学と同じく応用生態学の一分野としてとらえ，農学と一般生態学の架け橋として位置づけた．彼らの立場では農学が臨床の学であるのに対し，生態学は基礎科学であり，雑草生態学は診断学に相当するという．具体的には雑草群落を構成する種の特性を利用して，農耕地の立地条件を判定し，適地適作の指標とし，収量をも推定するといった考えである．沼田の雑草生態学に対する関心は，つまるところ雑草

の生態的な特性を利用した作物生産力の向上にあったといえるだろう．

　作物生産の場である農耕地の周辺部を含めた伝統的な農村生態系がさまざまな視点から保全の対象となる 21 世紀においては，沼田の立場に加えて，半自然生態系である農村生態系の重要な構成要素となる雑草個体群あるいは群落を保全するための生態学的な研究も要求されてくる．

　そこでは雑草群落の動態に着目した診断学的立場からのアプローチ（7 章）のみならず，診断するための手段としての雑草の個体（2 章）あるいは個体群（3 章）にも焦点を当てる必要がある．特に希少種や絶滅危惧種となっている雑草類の保護・保全を行う場合，このことは欠かせない．

　以上のような見地に立つなら，雑草生態学は，①雑草個体の生理生態（2 章），②雑草個体群の生活史（3 章）および③雑草群落の動態（4～7 章）の 3 つの論点から構成されるであろう．それぞれの立場から展望してみれば次のようになる．

　ターゲットとなった雑草の光や水，窒素などの無機塩の獲得と利用の仕方を明らかにすることは，その防除と保護の双方からとても重要である．ターゲット雑草を防除するだけなら光合成阻害の生理生化学的メカニズムの解明で事足りるかもしれない．しかし雑草が生育する人工生態系の環境を保全しつつ管理したり，半自然生態系の生物多様性を維持するためには，個々の雑草個体の葉群構造や光要求量，また光質に対する反応のパターン，水の吸収と蒸散，窒素利用の経済など，植物の生理生態的知識が要求される．ここで強調しておきたいのは，雑草生態学においては，上記の雑草に固有のさまざまな生理生態的な機能が，群落という構造をもった植物の集団の中でどのようなかたちで発揮されているのか，それを明らかにしてもらいたいということである．さもないと雑草の適切な管理とは結びつかないのである（2 章）．

　雑草個体群の生活史解明は，雑草防除上きわめて重要な課題であるから，これまで多くの研究が積み重ねられてきた．主要な雑草類の発芽，成長，フェノロジー（季節現象），さらには種子の散布様式，休眠性と埋土種子集団の動態などが研究テーマとなっている．なかでも雑草防除の視点から休眠性と発芽・出芽の特性，発生深度と発生消長，再生と増殖のパターンが詳しく調べられた（草薙・近内・芝山，1994）．これからは除草剤抵抗性雑草の伝播様式や希少雑草を *in-situ* で管理するための生活史解明などが新しい課題として加わるであ

ろう（3章）．

　雑草群落の動態に関する研究は，狭義の雑草と人里植物でアプローチの仕方がいくぶん異なる．前者の場合，本来なら作物個体群だけを管理の対象としている耕地生態系において，招かれざる客である雑草が，作物と光，水，栄養塩などの資源をめぐる競争の中でどのような動きをするかに焦点が置かれている．通例，雑草はいくつかの異なる種からなる群落（異種個体群）を形成するので，構成種相互の動きに着目する必要がある．

　作物個体群と侵入・定着した雑草群落との相互作用を詳細に観察すると，なかには雑草抑圧力の大きい作物が存在することがわかってくる．しかし作物はしばしば雑草によって抑えこまれるので，そのような雑草害を早期に診断するためのモデルの構築が必要となる（4章）．21世紀がめざす環境保全型農業では，除草剤をふんだんに使って発生してきた雑草を皆殺しにするのではなく，作物収量に影響を与えない程度に雑草の生育を抑制すればよい．そのためには植物間相互作用に関する一般生態学の知識が求められるであろう．

　後者の人里植物に関する研究は，耕作放棄地の二次遷移に関するものと，ススキ，シバ，ハギなどの人里植物を日本固有の飼草として活用する立場からの野草地の生態に関する研究を除けば，その大半が農学的色彩の濃いものである．少なくとも，畦畔，農道，堤防などの雑草管理に関するものは，除草剤の散布量や刈り取りの仕方など，即応用に結びつく農学的なものが多い．

　しかしこれからは，人里植物の生育地である半自然生態系の復元や生物多様性の保全が大きな課題となってくるので，人里植物の生態学的研究の必要性が高まるに違いない．たとえば，人里植物の生育する半自然生態系の植物多様性を保全するための植生遷移の理論は，一般生態学においても重要な部分を占めている．これまでも遷移のパターンから立地の状態診断が行われていた．さらに多様性保全の観点からは，なぜ種の入れ替わりが起こるのか，侵入してくる人里植物の定着場所であるギャップの動態を含めた，優占種-ギャップ-侵入種関係の解明がまたれるところである（5章）．

　近年，秋の七草として皆に親しまれてきたキキョウ，ナデシコ，オミナエシなど一部の在来種が希少種になりつつある．その一方で，帰化雑草（外来種）の増加は既存の雑草群落を攪乱するものとして強い関心が集まってきた．そこで本書でも帰化雑草の侵入・定着の現況についてふれた（6章）．

最後に希少種となった人里植物の半自然生態系における *in-situ* 管理の具体的方法や，半自然生態系を適切に保管するための指針となる植生状態指数(IVC) や，さまざまな環境指標による立地診断についてふれた (7章)．今後，雑草生態学の分野において，環境保全型農業 (石井ほか，2005) を視野に入れた雑草管理や，伝統的農村生態系の保全あるいは復元の視点から (環境省，2002)，一般生態学の論理が重要な役割を果たすことになるであろう．

[根本正之]

文　献

Carpenter, J. R.: An Ecological Glossary, p. 233, Hafner Publishing Company, 1962.
Godwin, H.: The History of Weeds in Britain: The Biology of Weed (Harper, J. L. ed.), pp. 1-10, Blackwell, 1960.
Grime, J. P.: Plant Strategies, Vegetation Processes and Ecosystem Properties, pp. 80-87, John Willey & Sons, 2001.
半澤 洵：雑草学・全，pp. 304，六盟館，1910．(明治後期産業発達史資料第686巻，龍渓書舎，2003．)
Harper, R. M.: *Bull. Geol. Surv. Alabama Univ.*, **53**, 275, 1944.
Holzner, W., Numata, M. eds.: Biology and Ecology of Weeds, pp. 3-20, Dr. W. Junk, 1982.
石井龍一ほか編：環境保全型農業事典，丸善，2005．
伊藤操子：雑草学総論，pp. 7-19，養賢堂，1993．
環境省編：新・生物多様性国家戦略――自然の保全と再生のための基本計画，環境省，2002．
笠原安夫：雑草研究，**12**, 23-27, 1971.
笠原安夫：遺伝，**31**(11), 2-10, 1977.
草薙得一・近内誠登・芝山秀次郎編：雑草管理ハンドブック，朝倉書店，1994．
Lincoln, R. J. *et al.*: A Dictionary of Ecology, Evolution and Systematics, p. 219, Cambridge Univ. Press, 1982.
Miyawaki, A.: *Vegetatio*, **9**, 346-402, 1960.
Miyawaki, A.: *Botanical Magazine, Tokyo*, **77**(916), 365-374, 1964.
Miyawaki, A.: *Vegetatio*, **19**, 47-59, 1969.
沼田 眞・荒井正雄：生物科学，**5**(4), 170-177, 1954.
Tansley, A. G.: *Ecology*, **16**, 284-307, 1935.
WSSA Teminology Committee ed.: *Weed Sci.*, **33**(suppl.), 12-18, 1985.

2章 雑草の生理生態
―― 光合成のための資源の獲得と利用

2.1 はじめに

　植物の成長や生存は，葉での光合成（photosynthesis）による物質（有機物）生産（光合成生産ともよぶ）に強く依存する．光合成は光（太陽光）をエネルギーとし，二酸化炭素（CO_2）と水から炭水化物と酸素を生じる化学反応である．日本のように概して湿潤な気候では，植物の光合成生産を最も強く制限する環境条件は光である．また植物群落の密度が高いほど，土壌中の窒素や水分が制限要因となる．

　ほとんどの陸上植物は，最初に芽生えた場所で生涯を過ごさねばならない．すなわちその場所で光合成をし，成長し，繁殖することになる．ところが野外の植物の生育環境では，光合成の資源となる光や二酸化炭素，水，または光合成反応において重要な役割を果たす色素であるクロロフィル（chlorophyll）や酵素であるルビスコ（ribulose-1,5-bisphosphate carboxylase/oxygenase：Rubisco）の資源である窒素が，常に十分に与えられるとはかぎらない．野山や畑地の草本群落や森林を見て回ると，多様な光環境，土壌水分環境があり，また多様な形態やサイズの植物が生育しているのがわかる．

　光合成の資源の中でも光は光合成反応のエネルギーとして不可欠なものであり，不足していれば成長に十分な光合成ができない．一方，過剰な強さの光は光合成反応の阻害（強光阻害 photoinhibition）や葉温の上昇をまねくストレス（強光ストレス）となる．好適な環境に移動することのできない植物にとっては，与えられた環境条件でいかに効果的に資源を獲得して光合成に利用するか，またはストレスを回避するかが重要な意味をもつ．植物の生活では，地上部や地下部の形態が資源の獲得やストレスの回避に有効な機能をもち，葉の生

理的特性（光合成特性）が光エネルギーの有効利用や強光阻害の軽減に機能する．でははたして，野外の植物はどのように生きているのだろうか？

　野外での植物とその形態的・生理的性質，それを取りまく環境に着目し，「植物がどのように生きているのか」という問いに答えようとするのが「植物生理生態学」である．本書『雑草生態学』は「雑草」の多様な性質を紹介することを目的としているが（1章），本章では雑草に限定せず，野草も雑草も含む草本植物の生理生態について概説する．また植物の光合成生産を制限する最大の環境要因は光であることから，本章では特に植物と光環境との関係について詳しく解説したい．

2.2　植物にとっての光環境

　上述のとおり，植物の成長は葉での光合成による物質生産に依存する．植物はみずからの葉でつくった光合成産物を利用して，葉や茎，根を大きくし，また増やし，さらに多くの光合成をして成長する（図2.1）．この過程を「物質再生産過程」とよぶ（黒岩，1990）．植物がどれくらいの資源（この場合は光合成産物）を使ってどれくらいの葉や茎，根をつくり，どれくらい新たに光合成によって成長したかというように，植物がもつ炭素を通貨とした経済で表そうとする考え方を「炭素経済」とよぶ．たとえば光を受け取り光合成をする場である葉をつくることに光合成産物を使うことは「投資（コスト）」であり，それによって得られる新たな光合成産物が「利益（ベネフィット）」である．

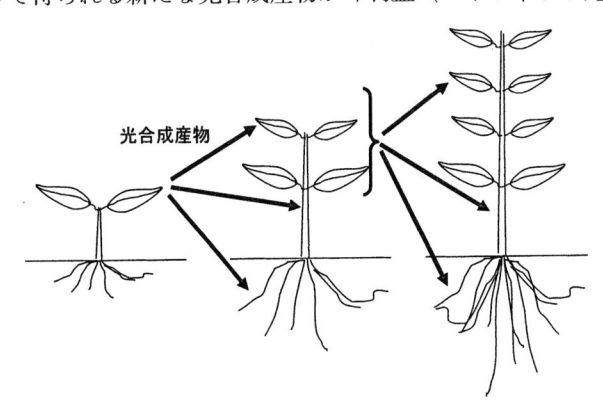

図 2.1　植物の光合成による物質生産/物質再生産過程の概念

このように植物の成長を光合成（葉）を中心として考え，植物の成長量を解析する手法を「成長解析（growth analysis）」とよぶ（コラム1参照）．単位時間あたりの植物の成長量である「成長速度（growth rate）」は，個体バイオマス（植物がもつ有機物量のこと．乾燥重量で表す）あたりの葉面積（葉面積比 leaf area ratio：LAR）と全葉面積あたりのバイオマス増加量（＝純光合成量，純同化率 net assimilation rate：NAR）の積として表される．この成長解析を行うことによって，植物の成長過程と環境条件との関係を知ることができる．また同様な環境条件のもとで生育した複数の植物種を対象に成長解析を行えば，成長過程の種間差を比較することができる．このような実験方法は，日本の在来草本種と帰化種の成長力と分布拡大可能性の検討に有効である．たとえば米国起源の帰化種であるオオブタクサ（*Ambrosia trifida*）の成長は幅広い光環境のもとで旺盛であり，特に草地のような明るい環境では成長速度が速いうえに地上部が大きく育つため，ほかの草本種を被蔭してしまうことが実験的に明らかにされている（西山ほか，1998）．

光合成反応に使われる光は400～700 nmの光合成有効波長域に限られ，なかでも赤色光（660～680 nm付近）が効率的なエネルギーとして利用される（寺島，1999）．光合成の量（光合成速度 photosynthetic rate，単位は一般に単位葉面積あたり単位時間あたりのCO_2吸収量で表す：$\mu mol\, CO_2\, m^{-2}\, s^{-1}$；村岡，2003）は，葉が受け取ることのできる光の量（光合成有効波長域の光量子束密度 photosynthetically active photon flux density：PPFD，単位は一般に単位葉面積あたり単位時間あたりの光量子モル数で表す：$\mu mol\, photons\, m^{-2}\, s^{-1}$）に依存する．

植物個体や，それがもつ個々の葉がどのような光条件のもとに置かれるか，すなわちどれだけの光を受け取れる可能性があるかは，それらがどのような場所（たとえば畦道のようにひらけた環境か，植物群落の中か）に生えているかによる．植物群落の中に生えている場合には，その群落の密度や大きさによって影響を受けるし，群落の中のどのような位置に生育しているかにもよる．群落内のミクロサイト（植物体が配置されうる空間上の位置）に到達する光量子束密度は，太陽高度や雲量，そのミクロサイトを覆う植物体の量や位置によって，1日の中でも，また季節を通じても大きく変動する．一般的には，群落の下層ほど光合成に有効な波長（特に赤色光）の光量子束密度は減少する．たと

コラム1 成長解析

　植物の成長量の時間的な変化を調べたり，または異なる環境で生育した植物の成長を比較したり，あるいは種間比較をする場合に，「成長解析」を行う．植物の成長量は「成長速度」として表し，初期バイオマスあたり，単位時間あたりのバイオマス増加量で示されることが多いために「相対成長速度（relative growth rate：RGR）」として評価する．

　RGRの計算には以下の2通りがある．

$$\text{RGR} = \frac{1}{W}\frac{dW}{dt} \qquad (1)$$

$$\text{RGR} = \frac{\ln W_2 - \ln W_1}{t_2 - t_1} \qquad (2)$$

ここで，Wはバイオマスを表す．式(1)は，植物の成長が指数関数的であると仮定できる場合，すなわち植物体のいたる部分が同様に成長する場合にのみ適用できる．しかし多くの植物では，成長速度は成長開始からの時間の経過にともなって変化する（ときにはロジスティック曲線によって近似される）し，物質再生産過程において光合成産物を植物体の成長ではなく繁殖や貯蔵に回すようにもなるので，常に式(1)が適用できるとはかぎらない．また，式が示すように個体重あたり（$1/W$）の成長速度が算出されるので，個体サイズの異なる植物の成長速度の比較ができない．そこで生育期間を一定の間隔に区切って，その単位期間あたりの成長速度を算出するのが式(2)である．単位は[$g\,g^{-1}\,time^{-1}$]となる（timeはday, week, month, yearなどが入る）．

　成長解析によって，光合成生産量を規定する形態的要因（葉面積）と生理的要因（光合成能力）のそれぞれが個体の成長速度に及ぼす影響を解析することができる．

$$\text{RGR} = \text{NAR} \times \text{LAR} \qquad (3)$$

NARは純同化率（個体の全葉面積あたりのバイオマス増加量 m^{-2}），LARは葉面積比（個体バイオマスあたりの葉面積 $m^2\,g^{-1}$）である．NARが示すバイオマス増加量は，一定期間にその植物が生産した光合成産物量から呼吸による有機物消費量を差し引いた量を指す．さらにLARは個体バイオマスあたりの葉バイオマス（leaf weight ratio：LWR, $g\,g^{-1}$）と葉バイオマスあたりの葉面積（比葉面積 specific leaf area：SLA, $m^2\,g^{-1}$）に分解することができる．

$$\text{LAR} = \text{LWR} \times \text{SLA} \qquad (4)$$

すなわち植物個体が個体あたりの全葉面積を，葉バイオマス量の増減によって調節したのか，または葉の厚さを変えることによって調節したのかを知ることができる．成長解析についての詳細はChiarielloら（1989）や竹中（2004）を参考にされたい．

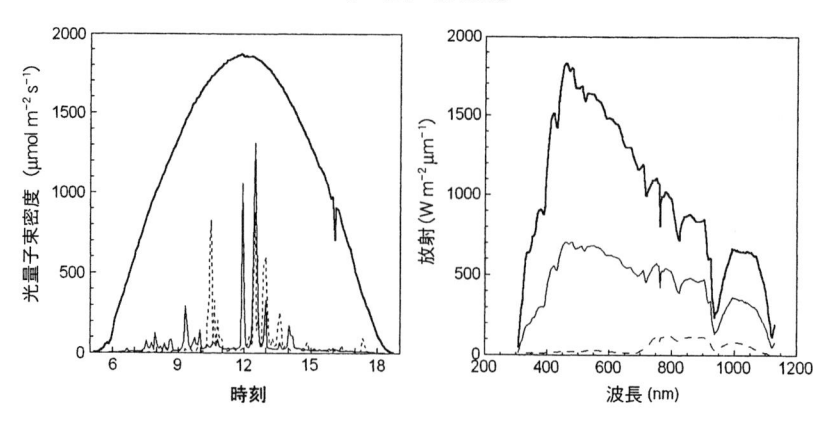

図 2.2
落葉広葉樹林の林冠の直上（太線）と林床の2地点（細線，破線）での，光合成有効波長域の光量子束密度の日変化（左）．
林冠の直上（太線）と林床（細線：サンフレック，破線：散乱光）に到達する光の波長分布（右）．
どちらも晴天日の真昼に観測した（2004年8月13日　西田顕郎・三枝信子・村岡裕由　未発表データ）．

えば森林では上層部（林冠）にはたくさんの光が当たるが，下層の地表面に近い部分（林床）に届く光は非常に少ない（図2.2）．これは林冠を構成する葉が太陽から届く光の大部分を吸収してしまい，しかも光合成に特に有効な赤色光を選択的に吸収してしまうからである．林冠の上と比べると，林床に届く光量は数%にまで低下することがある．

ただし群落下層には，ときには強い光が差しこむことがある．これをサンフレック（sunfleck，陽斑）とよぶ．サンフレックは群落上層の隙間をぬって太陽から届く強い光である．植物に到達する光は，太陽光が雲や大気中の濃い水蒸気，ほかの植物体などに反射して届く場合と，あまり反射せずにほぼ直接届く場合があり，前者を散乱光（diffuse light），後者を直達光（direct light）とよぶ．植物群落の中で影になっている部分に届いている光や曇天下に届く光は散乱光であり，サンフレックの大部分は直達光である（よほど大きな隙間がないかぎり完全な直達光が届く例は少ない）．

夏の晴天日の真昼に森林内外に届く光の波長分布を図2.2に示した．林冠の直上に届く太陽光の量や波長分布と比べて，林床に届く光は量が減少しているうえに波長も異なっていることが見てとれる．また林床に届く光は，観測箇所が影になっている場合とサンフレックが当たっている場合とで，その量および

波長ともに大きく異なることがわかる．そしてこの変わり方は，群落内のミクロサイトを覆う植物体の密度や配置によっても大きく異なり，ときには数 cm の違いがまったく異なる光環境をもたらすこともある．このような光環境の時空間的変動は，草本群落でも顕著にみられる（Tang et al., 1988；Tang et al., 1992）．

このように植物にとっての光環境は，空間的に不均一であり時間的に変動する．それが移動することのできない植物の光合成生産に強く影響を及ぼす．したがって植物の成長と光環境との関係の調査には，光環境の観測が不可欠である（村岡，2003）．

2.3 植物の光合成反応と環境条件

植物の光合成生産と光環境との関係について論じる前に，光合成反応と環境条件との関係について簡単に説明する．光合成の生理学的な解説については寺島（2002，2003），彦坂（2004）などを参照されたい．

植物の光合成反応が起こる「場」である細胞小器官は葉緑体（chloroplast）である．われわれが通常野外で目にする高等植物は，葉を構成する葉

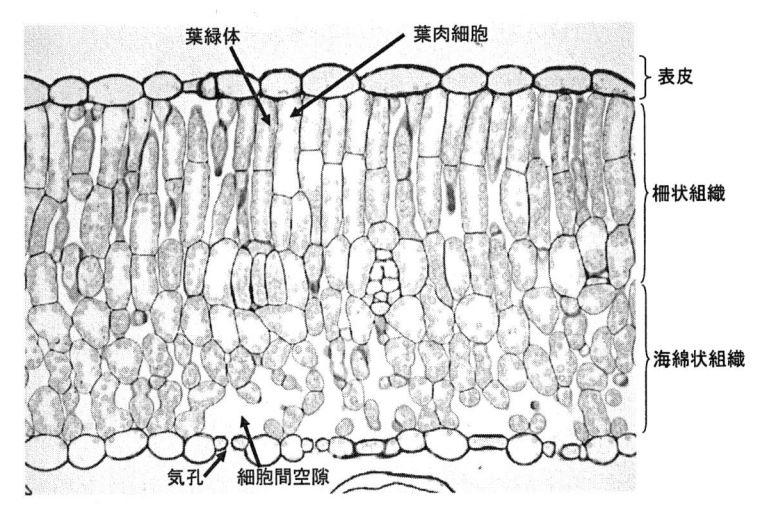

図 2.3　明るい光環境で生育したシロザの葉の横断面（写真提供：矢野覚士）
光合成に使われる CO_2 は気孔から細胞間空隙に入り，葉肉細胞に含まれる葉緑体に取りこまれる．

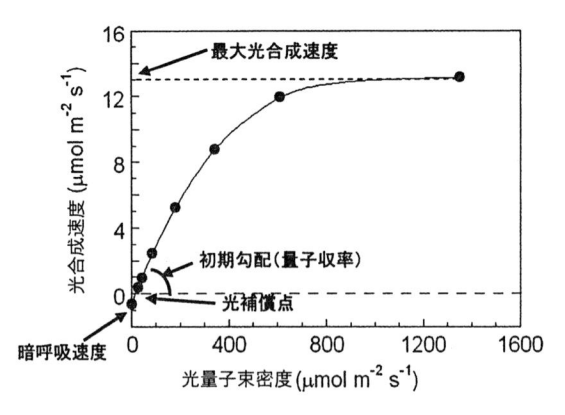

図 2.4　光-光合成曲線
多年生草本マイヅルテンナンショウの例．葉に照射する光強度
を変えて実測した値を非直角双曲線で近似した．

肉細胞に多数の葉緑体をもつ（図2.3）．葉緑体の内部にはチラコイド膜とよばれる膜構造があり，またそのチラコイド膜と包膜とのあいだにはストロマとよばれる液相の空間がある．チラコイド膜では電子伝達によるNADPH合成とATP合成が行われ，それがストロマに含まれるカルビン-ベンソン回路でのCO_2吸収のためのエネルギー源または還元力として利用される．ちなみに光合成反応の産物の1つである酸素は，電子伝達反応で水が分解されて生じる．光合成速度が光の影響を受けるのは，葉が吸収する光量が電子伝達反応速度に影響を及ぼすからであり，光量と光合成速度との関係は光-光合成曲線として表すことができ（図2.4），以下の非直角双曲線で近似できる（Thornley, 1976）．

$$A = \frac{\alpha I + A_{max} - \sqrt{(\alpha I + A_{max})^2 - 4\alpha I \theta A_{max}}}{2\theta} - R$$

ここでAは純光合成速度，αは光-光合成曲線の初期勾配，A_{max}は最大光合成速度，Iは光量子束密度，θは光-光合成曲線の曲率，Rは暗呼吸速度である．葉に光がまったく当たらない場合には，光合成は行われず暗呼吸（dark respiration）のみが行われている．葉が受ける光量の増加にともない光合成速度は上昇し，ある光量で光合成速度の上昇が鈍り飽和する．弱光域において，光合成速度と暗呼吸速度がつり合って光合成速度が見かけ上0になる光強度を光補償点（light compensation point）とよぶ．また，弱光域で光合成速度が光強度に対して直線的に増加する部分の傾きを光-光合成曲線の初期勾配，

あるいは量子収率（quantum yield）とよぶ．光合成速度が飽和する光量を光飽和点（light saturation point）とよぶ．初期勾配は［光合成速度/照射光量］あるいは［光合成速度/吸収光量］として表すことができる．葉は照射される光量の 80～85％ 程度を吸収し，残りは反射あるいは透過する．したがってこれら 2 種類の値は一致しない．前者の場合には，葉の吸光率の影響を含み，これは葉の厚さ，クロロフィル含量，葉表面のワックスや毛の量によって異なる．後者は光合成反応の光利用効率を表すことができる．

　光飽和点以上の光量での光合成速度（最大光合成速度ともよぶ）を規定するのは温度や CO_2 濃度，葉の窒素含量（ルビスコ量）である．

　温度は酵素反応に影響を及ぼす．光合成反応はさまざまなタンパク質がかかわるために温度の影響を受け，なかでもカルビン-ベンソン回路でのカルボキシル化反応（carboxylation）と酸素化反応（oxygenation, 光呼吸 photorespiration）は温度に依存する．しかし電子伝達を担う光化学反応（photochemical reaction）は，温度の影響をあまり受けない．温度に対する光合成速度の応答は，概して凸型のカーブを描く（温度-光合成曲線，図 2.5）．光合成速度が最大になる温度を最適温度（至適温度）とよび，これは生育温度環境によって異なる．

　光合成反応に使われる CO_2 は，葉の表面に分布する気孔（stomata）とよばれる孔を通じて大気から供給される．気孔は 2 つの孔辺細胞によって開閉する．CO_2 が葉内に流れこむのは葉内外の CO_2 濃度の差がもたらす拡散による

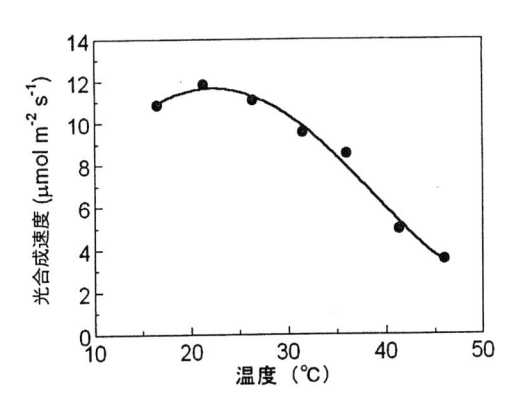

図 2.5　温度-光合成曲線
多年生草本マイヅルテンナンショウの例．葉には十分な光を照射し，温度を変えて測定した．

ものであり，気孔そのものは CO_2 の取りこみに能動的なはたらきをもたないが，開度は CO_2 の拡散抵抗に影響を及ぼす．CO_2 の拡散はオームの法則によって表すことができる．

$$A = g_s(C_a - C_l)$$

ここで A は光合成速度，g_s は気孔における CO_2 の拡散コンダクタンス（伝導度＝1/抵抗），C_a と C_l はそれぞれ大気と葉内の CO_2 濃度を示す．光合成に適した条件では，C_l は C_a の 60〜80% になる．葉内 CO_2 濃度に対して，光合成速度は飽和型の曲線を示す（葉内 CO_2 濃度-光合成曲線，図 2.6）．低 CO_2 濃度条件下では光合成の基質である CO_2 が不足しているため，CO_2 濃度の上昇に対して，光合成速度はまず急激に増加する．C3植物の場合，CO_2 濃度 40〜60 $\mu mol\ mol^{-1}$（ppm とほぼ同意）で光合成速度（CO_2 吸収速度）は見かけ上 0 となる．これを CO_2 補償点とよぶ．このとき，葉の内部ではカルボキシル化反応による CO_2 固定と酸素化反応，およびミトコンドリア呼吸による CO_2 放出量がつり合っている．葉内 CO_2 濃度が 500 $\mu mol\ mol^{-1}$ 程度まで上がると光合成速度の増加が鈍り，曲線の傾きが小さくなる．この段階では CO_2 は十分にあるが，CO_2 が結合する RuBP（リブロース二リン酸）が不足している．RuBP の供給には電子伝達系が関与しているといわれている．光合成の生化学理論については Farquhar ら（1980）によって初めて整理され，モデル化された．詳しくは寺島（2002）や彦坂（2004）を参照されたい．

気孔が開いていて，かつ光合成が活発な場合には，大気中の CO_2 は葉内に

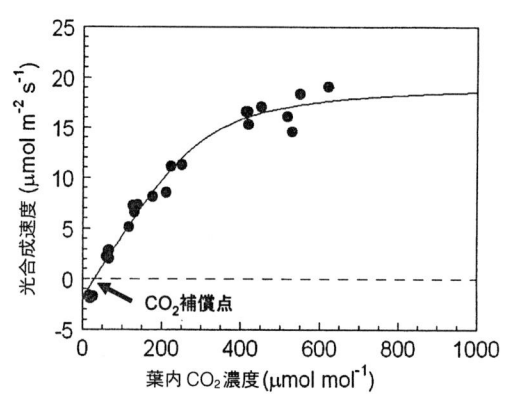

図 2.6 葉内 CO_2 濃度-光合成曲線
多年生草本マイヅルテンナンショウの例．葉には十分な光を照射し，CO_2 濃度を変えて測定した．

流れこみやすくなる．また光合成活性が高くても気孔開度が小さい場合にはCO_2が流れこみにくくなるため，葉内のCO_2濃度は低くなる．気孔開度は植物が乾燥条件にさらされると小さくなる．気孔はCO_2の入口であると同時に水（H_2O）の出口でもある．気孔を通じて葉内から水蒸気が放出されることを蒸散（transpiration）といい，葉温の制御に効果をもつ．蒸散は気孔を通じた水蒸気の拡散移動であるため，葉温と大気温度の差が大きく葉-大気間水蒸気圧差が大きいほど，また気孔が開いているほど多くなる．ところが過度な蒸散は植物体の水分欠乏をまねくため，土壌水分が不足している場合や過度な蒸散が生じてしまう場合には，植物は気孔を閉じる．気孔閉鎖は，土壌の乾燥に反応して生成されるアブシジン酸の葉中濃度の上昇や，孔辺細胞近辺の蒸散速度（peristomatal transpiration: Mott & Parkhurst, 1991）を感知して起こるといわれている．植物が乾燥や過度の蒸散に反応することによって，活発な光合成を行うはずの時間帯である昼間に気孔を閉じて光合成が低下する現象を「日中低下（midday depression）」とよぶ（図2.7）．日中低下の大きさは土壌が乾燥しているほど，または高温・低湿度ほど顕著になる．

このように光合成速度は受光量だけでなく，葉緑体に供給されるCO_2濃度によっても強く制限される．高等植物の多くはＣ３型光合成を行うが，草本植物の中では，高温や乾燥条件で頻繁に起こる気孔閉鎖にともなう，CO_2濃度の低下に適応したＣ４型光合成を行う植物も多い．Ｃ４植物の葉では，葉肉細胞

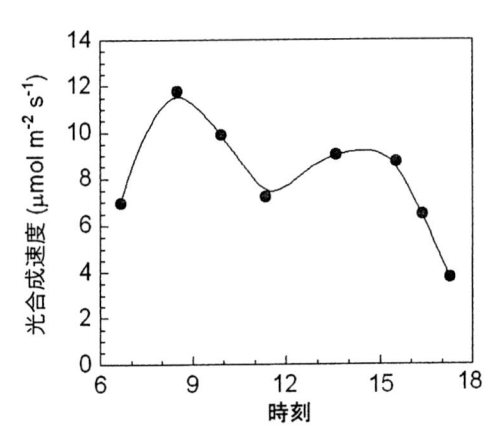

図 2.7 光合成速度の日変化パターン
野外の強光環境下でのマイヅルテンナンショウの測定例．1つの●は複数枚の葉の測定値の平均を表す．

と維管束鞘細胞に葉緑体がある（C3植物の維管束鞘細胞には一般的に葉緑体はない）．C3植物との違いは，葉肉細胞の葉緑体の機能にある．C4植物の葉肉細胞の葉緑体にはカルビン–ベンソン回路がなく，CO_2はホスホエノールピルビン酸カルボキシラーゼという酵素に触媒されて，ホスホエノールピルビン酸に結合して，C4化合物であるオキザロ酢酸が合成される（C4植物というよび名はCO_2が固定されてできる最初の生成物がC4化合物であるためであり，一方C3植物ではCO_2が最初に結合されてできるのはC3化合物のホスホグリセリン酸である）．オキザロ酢酸はリンゴ酸やアスパラギン酸などの化合物となり，維管束鞘細胞に輸送されてCO_2を放出する．このCO_2は維管束鞘細胞内の葉緑体がもつカルビン–ベンソン回路で固定される．すなわちC4植物の葉肉細胞ではCO_2の濃縮が行われ，維管束鞘細胞で固定が行われる．このようなジカルボン酸サイクル（C4サイクルともよぶ）によってCO_2濃度が高まることに加えて，C3植物で顕著な光呼吸による炭素の放出がほとんど生じないので，C4植物は低濃度のCO_2を有効に光合成に利用することができる．また低濃度のCO_2でも濃縮することができるために，気孔を閉じて蒸散を抑えることができる．これらの結果として，高温・乾燥条件下ではC4植物のほうが光合成活性が高い（図2.8）．しかし常にC4光合成がC3光合成より優れているわけではない．光呼吸活性が抑えられる条件である高CO_2濃度や低温では，C3光合成のほうが光エネルギー利用効率（量子収率 quantum yield，光量子モル数あたりのCO_2固定モル数）が高い．これはCO_2濃縮に余計なエネルギーをかけているためである．

以上の光合成特性の違いを反映して，草地では季節を通じた種の入れ替わりや（見塩・川窪，2000），標高にともなう種分布の変化がみられる（ラルヘル，2004）．

葉ではルビスコなどのタンパク質やクロロフィルの含量がその光合成速度を規定し，これらは窒素含量の影響を受ける．窒素は光と同様に光合成の重要な資源である．十分に施肥されている畑地でないかぎり，植物が利用できる窒素は概して土壌中に不足しており，植物にとってはいかに効果的に窒素を根によって吸収するか，またそれを光合成に利用するかが成長や繁殖に大きな意味をもつ．葉の窒素の大半は光合成系タンパク質に含まれるため，光合成能力と葉の窒素含量とのあいだには高い相関が認められる（図2.9）．ただしこの関係

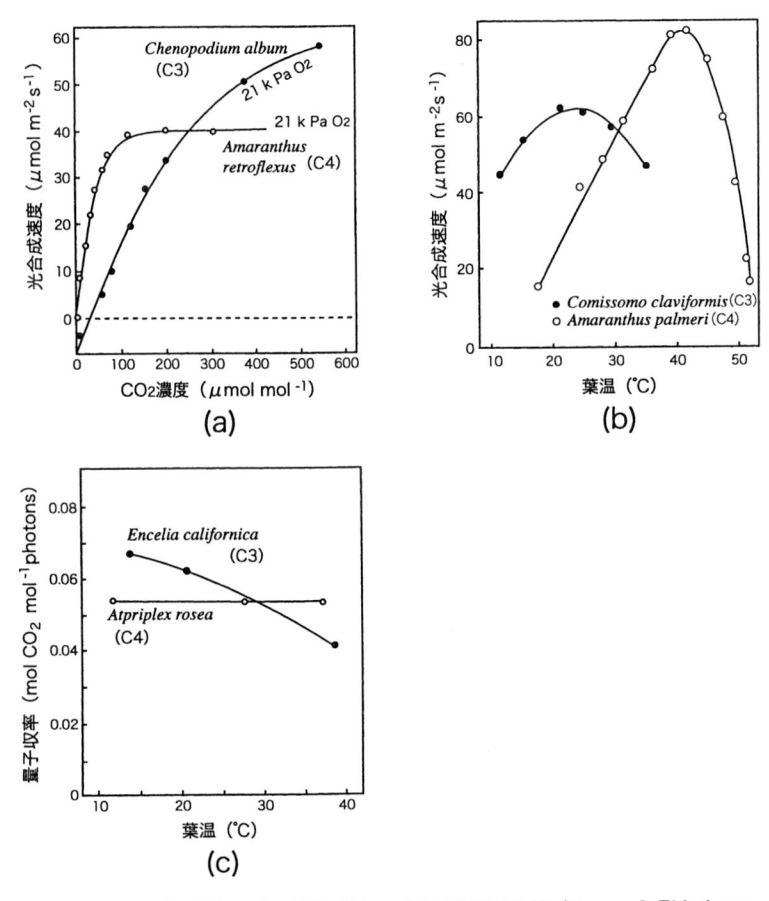

図 2.8 C3植物（●）とC4植物（○）の光合成反応の比較（Pearcy & Ehleringer, 1984；Ehleringer & Björkman, 1977）
(a) 葉内CO_2濃度と光合成速度，(b) 葉温と光合成速度，(c) 葉温と量子収率の関係．

は草本，落葉広葉樹，常緑広葉樹など，植物の種類によって異なる．この違いの原因には，葉内での光合成系タンパク質とほかの物質への窒素分配の違いや，葉内でのCO_2の拡散速度の違い（草本のように薄く柔らかい葉は葉肉細胞の細胞壁が薄いために葉緑体にCO_2が浸透しやすい），などがあげられている（Hikosaka et al., 1998；Hikosaka, 2004）．また，土壌中の窒素条件が同様であっても植物によって葉の窒素含量が異なるのは，植物体の地上部に対する地下部（根系）の量の違い，根による窒素吸収能力の違いや，葉への窒素分配量の違いなどが原因としてあげられる（舘野，2003）．

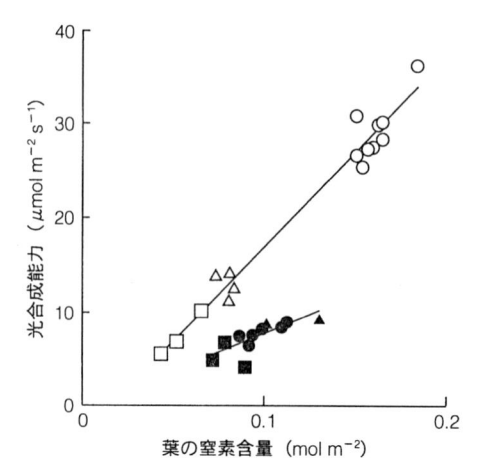

図 2.9 葉の窒素含量と光合成能力との関係
(Hikosaka *et al.*, 1998)
シロザ（白色）とシラカシ（黒色）の例．○，△，□の違いは生育光環境の違いを表す．

2.4 光合成能力の季節変化

　植物の葉の光合成能力（光やCO_2などの資源が十分に与えられたときの光合成速度．一般的には最大光合成速度で示す）は，葉齢（葉が生まれてからの時間）によって変化する．多くの場合，展葉開始からしばらくは光合成能力が上昇し，やがて最大に達したのちに低下する．

　展葉にともなう光合成能力の上昇は，葉肉細胞の成長や葉緑体の増加など，光合成の場としての葉の解剖学的構造の発達と，光合成反応を担う生化学的な構成要素（タンパク質など）の充填によるものである．また光合成能力や葉の発達には環境条件が影響することも知られており（Yano & Terashima, 2004），光合成能力の葉齢にともなう変化は，生育光環境や年ごとの気象条件によって異なる．このような光合成能力の時間的な変化は，その葉や個体の光合成生産量に影響をもたらす．

　葉のフェノロジーは種によっても異なる．春植物（spring ephemeral）とよばれる草本植物は，雪解け直後の落葉広葉樹林林床に，ほかの種に先んじて葉を展開する．この時期は林冠の展葉が進んでおらず林床の草本に十分な光が届くため，光合成を盛んに行うことができて成長に都合がよい（Taylor &

Pearcy, 1976; Koizumi & Oshima, 1985; Yoshie, 1995). また草地では，春から初夏にかけてはC3植物が優占するが，気温が高く乾燥もしやすい初夏から初秋にかけてはC4植物が優占する（見塩・川窪，2000）．

2.5 光環境と光合成

　ここからは光環境と光合成との関係について少々詳しく説明する．光環境と植物の成長との関係には，その植物がどれだけ光を獲得することができるか，またどのような光合成特性をもつかが大きな意味をもつ．生育場所によっては光が不足しているかもしれないし，十分にあるかもしれないし，または過剰かもしれない．また光不足は森林の下層に生えているからかもしれないし，またはほかの草本と光をめぐる競争関係にあるからかもしれない．植物はこうして与えられた光環境を少しでも効果的に光合成に利用する生理的特性や形態的特性をもつ．

● a. 光合成の光馴化

　本章の冒頭で示した森林内外のように，ある植物個体や葉にとっての光環境は，それを覆うほかの植物体や群落の密度やサイズによって異なる．光環境の違いは，強さ（光量子束密度）の異なる光が数日〜数週間の時間スケールでどれくらい届くか，ということによって生じる．すなわち，密度の高い植物群落の下層では強い光が届く機会（時間）は少なく，弱い光ばかりが届く．群落の上層ほど，また群落の縁に近づくほど影をつくる植物体は減少するので，強い光が届く時間が長くなる．群落の表層ならば常に明るい．

　こうした光環境の違いに応じて，植物はみずからの葉の光合成特性を変化させる．一般に明るい環境に生育している葉は，弱光環境に生育する葉よりも高い光合成能力をもつ．一方，弱光環境の葉は，明るい環境の葉よりも低い光補償点をもち，弱光域での光合成速度が高い（図2.10）．これを光馴化（順化 light acclimation）という．

　光馴化が起きるときには，葉の窒素含量が変化したり，光合成系タンパク質の組成比が変化したりする（寺島，2002）．弱光域での光合成速度は，葉が受け取る（吸収する）光量に依存する．一方，強光域での光合成速度は，ルビス

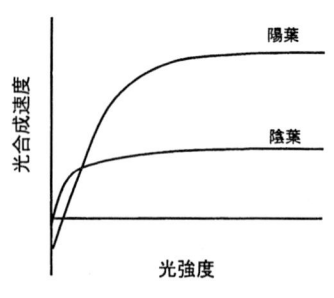

図 2.10　異なる光環境に馴化した葉の光-光合成曲線の模式図

コなどカルビン-ベンソン回路で用いられる酵素の量に依存する．したがって，弱光環境ではクロロフィルを増やすことによって光吸収率を高くすれば，光合成のエネルギー量が増える可能性がある．一方，強光環境では光は十分なので，それを光合成に利用する反応系であるカルビン-ベンソン回路に含まれる酵素の量を増やせば，光合成速度が高くなる．しかし葉がもつ窒素の量には限りがあるので，電子伝達系やカルビン-ベンソン回路にかかわるタンパク質の両方を増やすことはできない．そのために葉（植物）は，みずからの光環境のもとで効率的に窒素を利用することができる光合成特性を発達させる．すなわち，弱光環境では電子伝達系への窒素分配を増やし，逆に強光環境ではカルビン-ベンソン回路への窒素分配を増やす（彦坂，2004）．弱光環境に馴化した葉を「陰葉（shade leaf）」，強光環境に馴化した葉を「陽葉（sun leaf）」とよぶ（ただし，これらの呼称は相対的なものである）．葉の解剖学的構造と光合成特性の光馴化は，草本でも木本でも広くみられる（Kobayashi et al., 2001；Noda et al., 2004；Oguchi et al., 2005）．

b.　葉面配向による受光調整

　弱光環境での光合成生産を上げるには，上述の光馴化に加えて，地上部の形態を調整することによって受光量そのものを調整することが可能である．与えられた光環境のもとでの受光量は，葉のサイズを大きくすることによって増やすことができる．しかし葉をつくるためには，限られた量の光合成産物を投資する必要があり，葉に投資しすぎて葉柄や茎，根に投資できる資源が減ってしまう可能性がある．また葉を大きくしてうまく受光量が増やせたとして，同時に葉温が上がりやすくなって蒸散が増えてしまう可能性もある．このようにど

ちらかを選択すると他方が影響を受けることをトレードオフとよぶ．

　植物がより多くの光合成を行うために，より十分な光を獲得しようとする場合には，みずからがもつ光合成産物の利用をめぐる問題や強光ストレスなどの回避をめぐる問題といったジレンマに直面する．繰り返し述べているように，植物は移動することができないため，与えられた環境で，与えられた条件（光合成産物などの資源量）に応じてその場で成長と生存を実現させなければならない．このような光資源の効果的な獲得と有効利用は，植物の葉の配置や配向と生理的特性との関係にみることができる．

c. 群落内での受光と光合成

　セイタカアワダチソウなどの高茎草本が優占する草本群落や，落葉広葉樹林の林床に繁茂する草本群落内では，下層ほど光が少ない．したがってより多くの光を得るためには，より高い位置に葉を配置する必要がある．みずからの地下部に蓄えてある有機物や生成した光合成産物を茎の伸長に投資することによって，葉を高い位置に置くことができる．しかしその一方で，資源をめぐるトレードオフによって，葉に投資できる資源量が減少してしまう可能性がある．このような状況は葉と葉柄のあいだにも生じる．葉どうしの重なりを相互被蔭とよぶ．みずからの葉の相互被蔭が大きいほど，受光量は減少する．すなわち葉柄を長くすることによって個々の葉が重ならないように配置することが受光量の拡大につながる．しかし葉柄に資源を投資しすぎれば，葉面積は小さくなってしまうだろう．

　草本植物の地上部における茎-葉間の資源分配と，草本群落内での茎への投資が光合成生産に及ぼす影響について，理論的に考えられた関係を図 2.11 に示す（Givnish, 1982）．トレードオフを仮定すると，茎を長くするほど葉面積が小さくなる．疎な群落内では下層にも光が多く届くため，あまり背伸びをしても受光量の改善は見込まれず，光合成量もあまり改善されない．しかし密な群落内では，茎を伸ばすほど葉を高い位置，すなわちより明るい位置に置けるために，葉面積あたりの光合成速度は下層よりも増加する．この場合，葉全体での光合成量（葉面積あたりの光合成速度と全葉面積の積）が最大になるような茎への投資量が「最適」となる．

　次にロゼット型の草本を例にあげる．ここでも葉柄と葉面積にはトレードオ

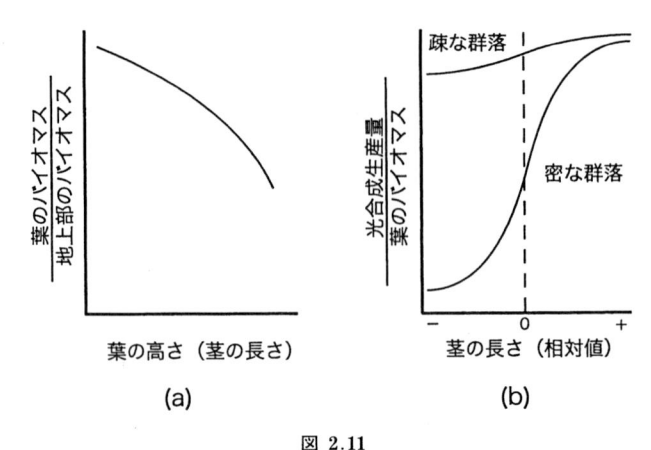

図 2.11
(a) 茎の長さ（バイオマスと投資）が地上部バイオマスに占める葉バイオマスの割合に及ぼす影響 (Givnish, 1982)．
(b) 密度の異なる群落内での茎への投資が光合成生産に及ぼす影響 (Givnish, 1982)．

フを仮定する．森林の下層に生えているロゼットに届く光の量は，林冠によって遮られているために少ない．したがって個体全体の光合成量を少しでも多くするためには，相互被蔭を最小化しつつ，葉面積を最大化するような地上部構造が適している．このような条件のもとで，*Adenocaulon bicolor* という植物は葉柄と葉面積のバランスを巧みに調節していることが，光環境と地上部構造の実測にもとづいたモデルシミュレーション実験によって明らかにされている（図2.12 Pearcy & Yang, 1998）．日本でも目にするオオバコを真上から見てみると，葉の重なりが最小に抑えられながら，ロゼットが占める空間には葉が敷き詰められている様子がわかる．

個々の葉の受光量の調整は，葉面の向く方向（配向）によっても実現される．図2.13の全天写真に表すように森林の林床から林冠を見上げると，光を遮断する林冠木やほかの植物の枝葉の分布が一様ではないことがわかる．葉が吸収できる光量は，葉面の配向と光量の入射方向との関係によって成り立つので，多くの光が入ってくる方向に葉面を向ければ，それだけ多くの光を受け取ることができる．

ここで再び，筆者らが調べたマイヅルテンナンショウ（*Arisaema heterophyllum*）の例を紹介する（Muraoka et al., 1998）．マイヅルテンナンショウの地上部は，直立した1本の偽茎（形態学的には葉柄）の先に数〜15枚の小

2.5 光環境と光合成

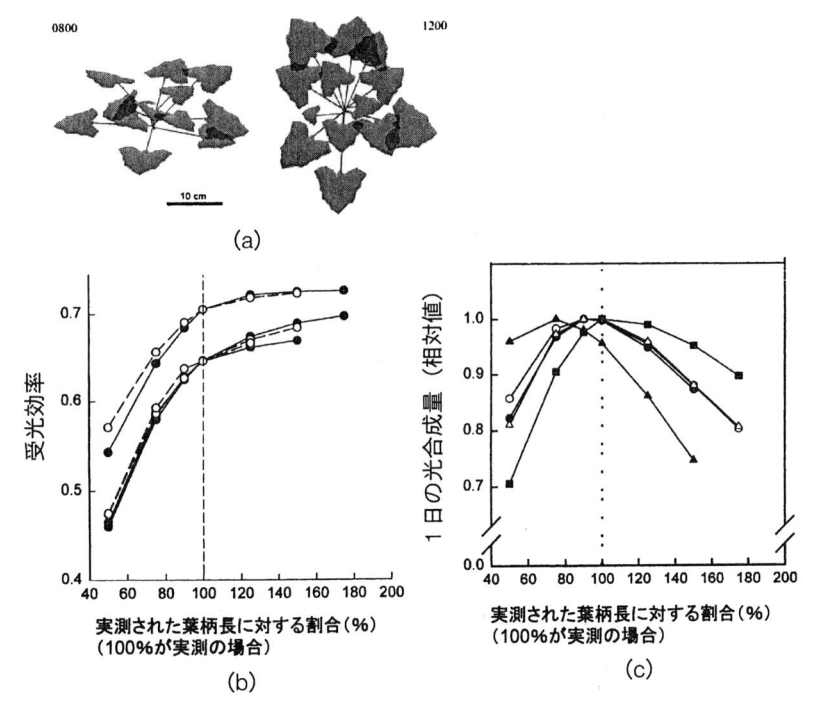

図 2.12
(a) 林床に生育する多年生草本 *Adenocaulon bicolor* の地上部3次元構造をコンピュータ上で再構築した様子.
(b) コンピュータシミュレーションによって葉柄の長さを変えた場合の受光効率（=植物体上の光強度/葉全部での受光量）.
(c) 1日の光合成量（相対値）.
シンボルの違いは個体の違いを表す（Pearcy & Yang, 1998）.

葉からなる掌状複葉を1つもつという非常に単純な構造をもっている．落葉広葉樹林の林床に生育するマイヅルテンナンショウ35個体ほどについて，すべての小葉面の角度と方位を計測し，また各個体について全天写真を撮影した．全天写真を画像処理して180区画に区切り，入射光量の方向依存性を計算した結果を図2.13に示した．実測した小葉面の配向と合わせてみると，受光量が光合成量を制限する林床に生育するマイヅルテンナンショウは，生育地点での受光量が最大になるような方向に葉面を向けていることが明らかになった．森林の奥に生育する個体は林冠に空いている隙間を向き，林縁の個体は森林の外側を向いていた．このような様子は，一般の草本植物でも頻繁にみられる．また草本にかぎらず，木本の実生や稚樹の枝にもみられる．筆者が落葉広葉樹林

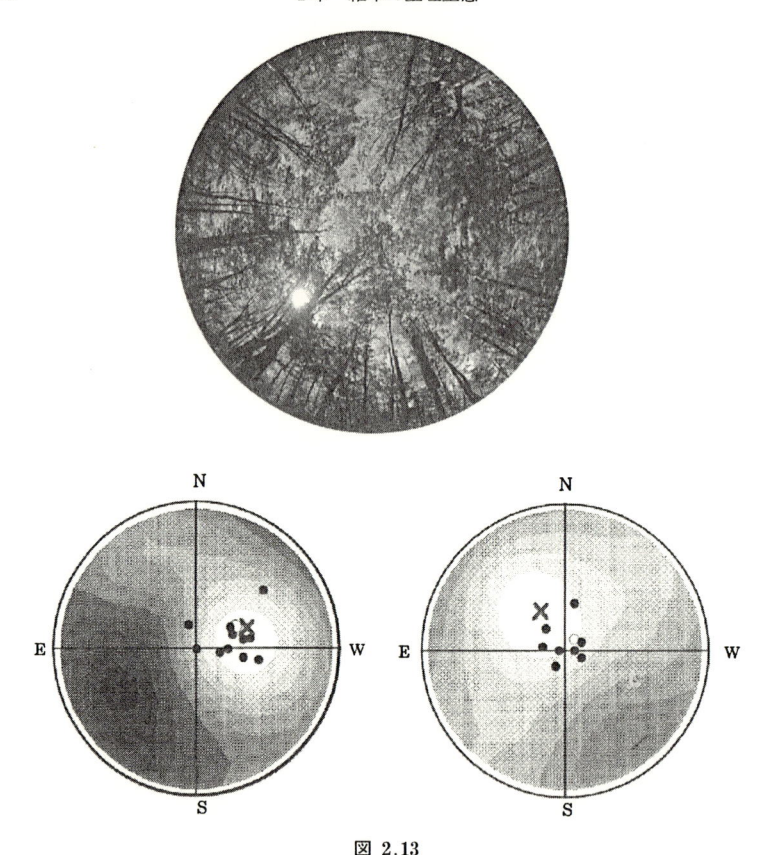

図 2.13
林床に生育するマイヅルテンナンショウの葉の受光量の方向依存性を示すマップ（明るい部分の方向ほど受光量が多くなる）と実測した小葉の向き（●）および個体ごとの平均的な向きの例（○）．図中の×の方向が，最も受光量が多くなる方向（Muraoka *et al*., 1998；改変）．林内から上を見上げているので東西が逆になっている．写真は落葉広葉樹林の林床で撮影した全天写真（魚眼レンズを装着したカメラで撮影）．光は林冠木の枝葉の隙間から入射する．

の林床に生育するミズナラなど5種の落葉広葉樹の実生（各樹種約20個体）を対象に行った研究では，すべての個体がそれぞれの生育地点での光合成量が最大になるような受光量を葉面配向の調整によって実現していることが示された（Muraoka *et al*., 2003）．

草本，木本を問わずこのような受光調整は，茎や葉柄において光質（赤色光と近赤外光の比）を感知して制御されているといわれている（Smith, 1982；Koller, 1990；サイモンズ，1996）．林冠などの葉群を通過した光は，赤色光が減少していることは上述のとおりである．近赤外光は葉を通過する．すなわち

赤色光/近赤外光が高いほど，ほかの植物体を通過せずに届いている光であり，葉面積あたりの光合成速度が高くなる明るい光であることを意味する．茎や葉柄に含まれるフィトクロームが光質のセンサーとなり，このような光合成に効果的な受光態勢の構築をもたらしている可能性が高い（Muth & Bazzaz, 2002 ; Galvez & Pearcy, 2003）．フィトクロームは2つの分子型をもち，光を吸収するとその分子型が相互に変換する．2つの分子型は光吸収の波長選択性が異なり，分子型 P_R の吸収極大は 660 nm，分子型 P_{FR} では 730 nm である．これらの波長を中心とする約 10 nm 幅の光は，それぞれ赤色光（Red）と近赤外光（FarRed）に相当する．すなわち植物体に到達する光の R/FR 比に応じて，P_R と P_{FR} のあいだの平衡が決まり，光質のセンサーとなる．

d. 強光環境での受光と光合成

　強光環境ではエネルギーとしての光量は十分だが，一方では過剰な光量は光合成系に傷害をもたらす．これを強光阻害といい，おもに光化学系IIが傷害を受ける．強光阻害の仕組みは以下のとおりである．光化学系IIのクロロフィルに吸収された光エネルギーは，反応中心に伝えられる．このとき，光が弱い場合にはエネルギーのほとんどが電子伝達に使われるが，吸収した光が光合成の光飽和点を大きく超えるような強光だったり，気孔閉鎖や温度上昇により炭酸固定反応の活性が低下していたりすると，電子伝達の限界を超えてエネルギーが余ってしまう．この余剰なエネルギーによって活性酸素が生成され，その活性酸素が反応中心を破壊して不活性化する．これによって電子伝達が行われなくなり，光合成速度が低下する．しかしこれに対して植物は光呼吸，熱放散（キサントフィルサイクル），water-water サイクルなど，余剰なエネルギーを消費あるいは無害な熱に変換する光防御機構（photoprotection）をもつ（浅田，1999；徳富・園池，2002）．

　強光阻害に加えて，日中の過剰な受光は葉温の過度な上昇をまねき，やはり光合成系へのストレスや葉の乾燥ストレスの原因となる．強光ストレスの回避には，葉面配向の調整による受光量減少も有効である（Ehleringer & Forseth, 1989）．野外で草本・木本にかぎらず日向に生えている植物の葉では，葉が立っていたり折れたたまっている様子がみられる．草地や畑地など，どこでもみられるクズ（*Pueraria lobata*）がよい例である（Forseth & Teramura,

図 2.14 草地に生えるクズの葉
真昼には葉が立っているが（左），夕方には水平に近くなる（右）．

1986)．クズは3枚の小葉からなる複葉をもっている．これらの葉は，真昼の日差しが強く暑い時間帯にはすべてが立ち上がって掌を合わせたような格好をする（図2.14）．しかしこれらの葉は早朝や夕方，または曇天など日差しの弱いときには水平に近く広げられている．葉の角度の調整は，葉身と葉柄のあいだにある葉枕で行われる．

このような葉の角度変化と受光量や光合成速度との関係はどのようなものだろうか．2枚の葉をもつ日向の植物の受光量が，葉の角度によってどのように変化するかシミュレーション計算した結果を図2.15に示す．葉が水平な場合には，太陽が昇るのにともなって受光量が増す．正午頃に最大値に達し，太陽高度の低下にともなって受光量は減少する．水平な場合には，気温の高い真昼に強い光を受けることになる．この葉をそれぞれ東西に向けて水平面から60度立ち上がらせた場合には，葉の受光量は水平な場合に比べて大きく異なる．東の空を向いている葉は午前中に強い光を受けるが，午前10時頃から受光量が減少しはじめる．夕方にいったん受光量が増えるのは，太陽が西に傾いて葉の裏から光を受けるためである．一方，西の空を向いている葉は早朝に葉の裏から光を受け，太陽の移動とともに受光量が変化し，午後2時頃に最大値に達する．東西どちらを向いている葉でも，日中に受ける光強度の最大値は，水平な場合よりも低いことが特徴的である．

図2.15にはこのような条件での葉温と光合成速度，気孔コンダクタンスについてのシミュレーション結果を示した．筆者の住む岐阜市では，真夏には気温が37℃に達する．最低気温25℃，最高気温37℃，土壌水分は十分にあり，風速は1m/sであるという条件を仮定して葉温をモデル計算してみると，葉

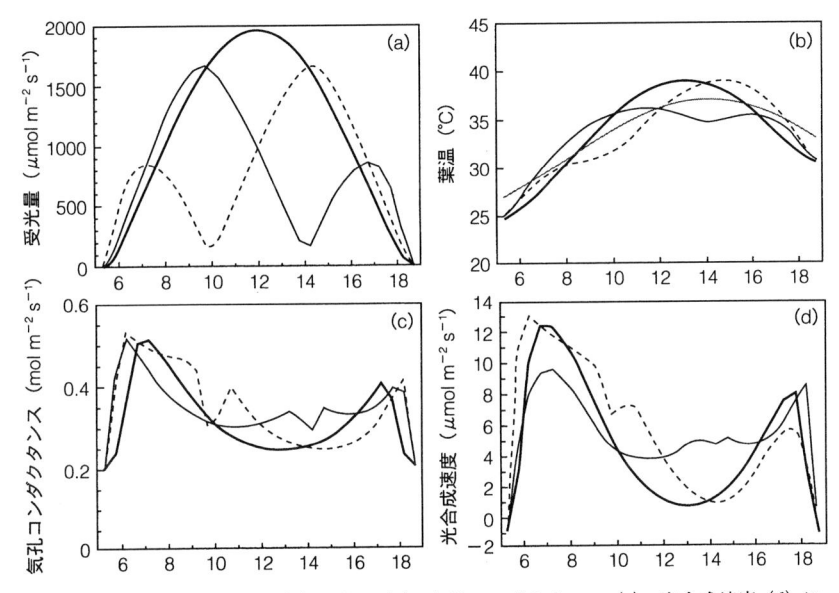

図 2.15 葉の角度が受光量 (a) や葉温 (b)，気孔コンダクタンス (c)，光合成速度 (d) に及ぼす影響のシミュレーション推定結果
2枚の葉を水平にした場合（太線），葉の角度を60度にして東（細線）と西（破線）を向いている葉．(b) の灰色の線は気温を示す．

が水平な場合には最高葉温が40℃に達するが，東を向いて傾いた葉では最高葉温は38℃程度となることが示された．先述のとおり，気孔コンダクタンスは葉温と気温，湿度の影響を受ける．気孔コンダクタンスは涼しい早朝に最大値に達するが，昼前後には日中低下を示し，夕方に気温と葉温が下がると再び一時的に上昇した．日中低下は水平な葉で最も顕著であった．このような状況での光合成速度をみると，どの葉でも早朝に最大値に達し，その後は日中低下を示すが，葉温の高くなる水平な葉と西向きの葉では特に顕著であることがわかる．これらのシミュレーション結果が示すことは，強光環境での植物の光合成速度は，受光量と気温，湿度，葉温のバランスによって大きく影響を受けるということである．ここで示したシミュレーションでは葉の角度は60度に設定してあるが，野外でみられるように葉どうしが重なるほどに角度を大きくすると，当然，真昼の受光量は顕著に減少する．本シミュレーションでは葉角度の日変化（早朝と夕方は水平，真昼に直立）を考慮していないが，現実の植物のように日変化をすることが，1日の光合成生産に最も効果的であろう．また葉角度の変化はここで示したような日中の葉温上昇の抑制に加えて，上述の強

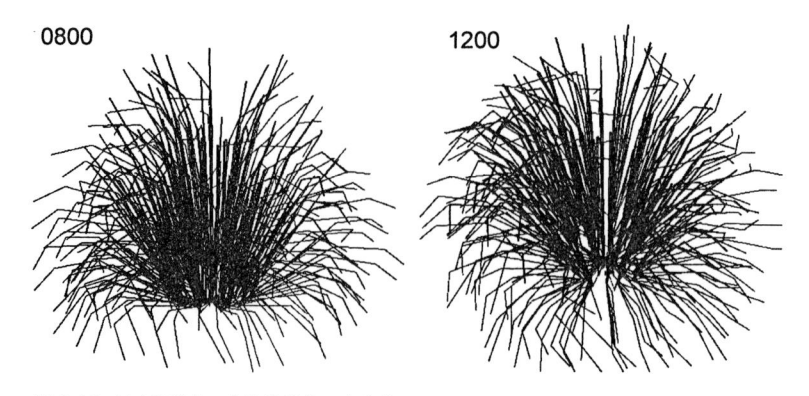

図 2.16 地中海地方の半乾燥地帯に生育する *Stipa tenacissima* の地上部3次元構造をコンピュータ上で再構築したもの
午前8時（左）と正午（右）に太陽の視点から見た様子．線の1本1本が1枚の葉を表す（Valladares & Pugnaire, 1999）．

光阻害の軽減にも役立つ．葉が水平な場合には，上述の光合成生産量よりもさらに10%ほどが強光阻害によって減少することが予測される．

草地では，イネ科草本のように細長い葉が密に集まり，立っている様子がよくみられる．特にこのような場所は強光が当たり，温度が上昇しやすく，また土壌は乾燥しがちである．イネ科草本は確かに強光・高温・乾燥条件に広く分布するが，決して強光を光合成で十分に使えるわけでもないし，また特別な高温耐性をもつわけでもない．葉を細くすることによって葉表面の風通しをよくすることができる（久米，2003；キャンベル・ノーマン，2003）．また葉を立てたり，細い葉の相互被蔭が光合成の光飽和点以上の強光の照射を抑制する効果をもつことが，植物の形態と光合成速度をシミュレーション実験した研究によって明らかになっている（図2.16 Valladares & Pugnaire, 1999）．

2.6 草本植物の成長パターンと資源の獲得

草本植物と木本植物の大きな違いは，地上部の構造を年々積み上げていくかどうかであろう．草本は，たいていの場合には1年以内に地上部である葉と茎を枯らしてしまう．一方，木本は幹を太らせ，枝を増やしながら成長を続けて大きくなる．これらの成長パターンの違いが，植物個体やその群落がつくりだすサイズの違いをもたらしている．

草本植物の中でも，成長パターンは複数ある．一年生草本は毎年種子から生活をスタートさせて，光合成をするための地上部と栄養塩や水を吸収するための地下部をつくる．盛んに光合成を行って成長し，開花し，受粉が成功すれば結実して種子を生産する．これに対して多年生草本は，地下部に光合成産物を蓄積しながら毎年大きくなる．一年生草本が身体を大きくするための資源のすべてをその場での光合成生産に依存する（物質再生産）のに対して，多年生草本は蓄積してある有機物を利用して，春にすばやく大きな地上部をつくって光合成生産を始めることができる．多年生草本でも地上部は1年以内に枯らしてしまうものがほとんどである．

多年生草本の成長や繁殖パターンは，一年生草本とは若干異なる．最も顕著な違いは，一年生草本が種子によってのみ繁殖する（個体数を増やす）のに対して，多年生草本では地下茎や走出枝，匍匐枝を伸ばして株（ラメット ramet）を増やしながら，横方向に個体サイズが拡大していく点である．このように広がることのできる植物を「クローン植物（clonal plant）」とよぶ．種によっては地下茎で伸びた先にできた株が独立して，新しいラメットになる．このような繁殖パターンは「栄養繁殖（vegetative reproduction）」ともよばれるが，むしろ「クローン成長（clonal growth）」とよぶほうが適切である．多年生草本の1株を表すラメットは，元のラメットの遺伝的なコピーである．遺伝的に均一なラメットの集団をジェネット（genet）とよぶ．

複数のラメットが地下茎で連結している場合には，地下茎を通じて水や栄養塩，光合成産物など成長に必要な資源がラメット間で交換されることが知られている．これを「生理的統合（physiological integration）」とよぶ．オランダイチゴやカキオドシなどを用いた研究によれば（Alpert & Mooney, 1986; Stuefer & Hutchings, 1994），光環境はよいが貧栄養なラメットAと，弱光だが栄養条件に富んだラメットBでは，両者が地下茎でつながっている場合にはラメットBから栄養塩や水がラメットAに送られ，ラメットAはそれらを利用して光合成を行い，その生産物をラメットBに輸送する．これによって両ラメットの成長は，地下茎が切られてラメットどうしが独立している場合よりもよいという．こうしてみると，ラメットAとラメットBは，それぞれの役割を分担しているようにみえる（"division of labour": Hutchings & Wijestinghe, 1997）．

地下茎や走出枝を利用した「役割分担」が可能なクローン植物では，地下（水，栄養塩）と地上（光）のそれぞれの資源を獲得するのに有利な構造をつくることができる．地下では，豊富な栄養塩や水分を求めて根や地下茎を伸ばすことによって資源を得ながら，適当な場所で株をつくって地上部を発達させる．また地上部でも走出枝を水平方向に伸ばすことによって，葉を広げて光を得るための面積を拡大することができる．これらはクローン植物に共通した特徴だが，地上部の構造やサイズには，種間で大きな違いがある．ススキやギシギシ，セイタカアワダチソウなどは大きな地上部をつくり，できるだけ多くの葉をつけて光を獲得し，光合成生産を行おうとする．一方，シバやクローバーなどは大きな地上部をつくれないので光をめぐる競争には弱い．しかし背の低いこのような植物では，少しでも明るい場所に葉を配置するように葉柄や茎の長さや方向の調整が行われている（たとえば Huber & Wiggerman, 1997）．

2.7 群落の光合成

野外では多くの場合，草地にみられるように植物は集団で生活しており，群落を形成している．本章では群落内の個々の植物や葉についてその光環境や光合成について考えてきたが，本項では群落の中での植物体の配置が規定する群落構造や密度が，群落内の光環境や個々の葉あるいは群落全体の光合成とどのような関係をもつかを述べる．

上述のように，太陽光は群落の上方から入射するため，群落内では上層が明るく，下層ほど暗い．群落のそれぞれの高さにおいて植物体が均一に分布していれば，その群落内のある高さでの光環境は，それより上にある単位土地面積（群落占有面積）あたりの葉面積（葉面積指数 leaf area index : LAI）と葉の角度によって決まる．ここである高さにおける水平面での光強度を I とし，それよりも上にある全葉面積（積算葉面積）指数を F とすると，以下のような関係が成立する．

$$I = I_0 \exp(-KF)$$

ここで I_0 は群落の真上に到達する光の強度で，K は吸光係数（消散係数，減光係数）である．この式は Lambert-Beer の法則ともよばれる．吸光係数は群落構造によって異なり，特に葉の角度の影響を受ける．群落を構成する葉の

コラム2　層別刈り取り法

　群落を構成している植物個体の光合成生産量は，群落内の葉に届く光量と個々の葉の光合成能力，そして葉面積の空間配置・配列によって規定される．葉面積の空間配置は植物種によって異なるため，群落の光合成生産力を規定する葉面積とそれを支える茎などの非光合成器官の空間分布を光環境とともに把握することにより，植物個体や群落の構造と機能（光合成生産）との関係を明らかにすることができる．この重要性を1932年に指摘したのはBoysen Jensenである．彼は図2.17に示すような思考実験により，ある植物や群落のもつ葉面積が，その植物の土地占有面積の数倍に茂っているときには，水平な葉群（葉の集合）からなる群落は群落全体の光合成にとって不利であることを指摘し，葉の角度と配向が受光と光合成に重要であることを推測した．この関係を定量的に示すために開発されたのが層別刈り取り法である（Monsi & Saeki, 1953）．

　層別刈り取り法では，ある面積（たとえば1～数m^2の方形区を設定する）の植物群落を，地表面から一定の厚さの水平な層に分けて刈り取り，各層に含まれる葉と非光合成器官を分けて葉面積や重量を計測し，それぞれの量の垂直的な分布を求める．植物を刈り取る前に，群落内の数地点について光強度の垂直分布を計測する．この際には群落外でも同時に光強度を計測しておき，群落内（I）と群落外（I_0）の光強度の相対値を算出できるようにする．群落内での光強度は，植物を層別に刈り取る際の層の厚さと一致させ，各層での光強度と植物体の計測値を対応できるようにする．図2.18に，このようにして計測した葉面積と非光合成器官，および相対光強度の垂直分布を示す（Monsi & Saeki, 1953）．葉面積と非光合成器官の垂直分布を示した図を生産構造図とよぶ．広葉をもつアカザがなす広葉型群落では葉面積が群落上部に集中しているのに対し，チカラシバがなすイネ科型群落では葉面積は比較的下層に分布していることがわかる．ただし必ずしもすべての広葉型群落，イネ科型群落がこのような分布を示すとはかぎらず，群落密度や個体サイズによって異なる．

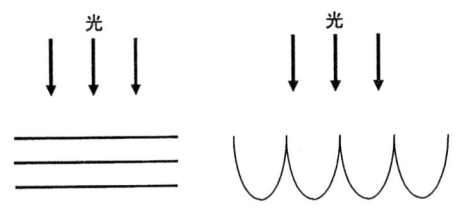

図2.17　葉群の配列のイメージ（ボイセン＝イェンセン, 1982）
3枚の水平な葉（a）とカーブした葉（b）のそれぞれの総面積は同じである．それぞれ上方から光が差すとき，右のタイプの方が光合成量は多い．

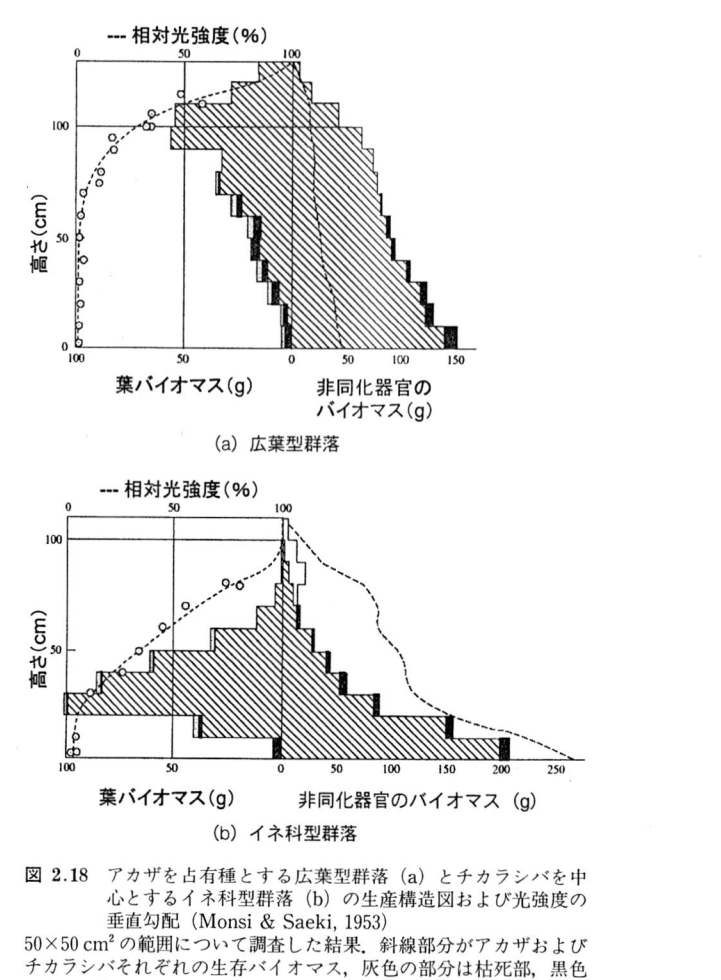

図 2.18 アカザを占有種とする広葉型群落 (a) とチカラシバを中心とするイネ科型群落 (b) の生産構造図および光強度の垂直勾配 (Monsi & Saeki, 1953)
50×50 cm² の範囲について調査した結果.斜線部分がアカザおよびチカラシバそれぞれの生存バイオマス,灰色の部分は枯死部,黒色の部分は他種のバイオマスを示す.

角度が垂直に近いほど,光は吸収されにくく群落内に光が通りやすくなり,吸光係数は小さくなる.イネ科草本群落では0.4〜0.6,水平的な葉で構成される群落(広葉樹林も含まれる)では0.7〜0.9である.

草本群落を構成するさまざまな植物種がその群落内でどのように葉を配置し,光合成を行っているかを調べる方法に「層別刈り取り法」がある(コラム2参照).

草本群落の中では光環境に勾配があるので,群落内に分布している葉には光

馴化がみられる．一般的に群落上層のほうが明るいため，上層ほど葉の光合成能力が高く陽葉的であり，また窒素含量も高い (Hirose & Werger, 1994; Hikosaka et al., 1999).

　高茎草本のように直立した長い茎のさまざまな位置に葉がある場合には，個体の光合成量を直接測定することができない．また，植物個体の集合である群落全体の光合成量を簡易的に測定する方法もない．このように高茎草本やイネ科草本の個体・群落の光合成量を求める場合には，「群落光合成モデル」の利用が有効である．群落光合成モデルでは，先述の層別刈り取り法にもとづいた群落内の光環境および葉面積分布の計測結果，葉の光-光合成曲線の計測結果を利用して，個体や群落全体の光合成量を推定する (彦坂, 2003)．群落光合成理論は日本の生態学者である門司正三と佐伯敏郎によって 1953 年に提唱された (Monsi & Saeki, 1953)．この理論は世界中の研究者に広く認められ，草本群落や森林の生態学的な解析のみならず，作物生産や森林管理に応用されてきた．また近年では，地球上のさまざまな陸上生態系の二酸化炭素吸収能力の解析にも取り入れられている．

2.8　本章のまとめ

　本章ではほかの章とは異なり，雑草に限定せずに，光や窒素資源の獲得と光合成への利用，また環境条件と光合成との関係など草本植物一般の生理生態について述べてきた．広く植物はみずからが生き残り，成長し，繁殖するために必要な資源を，地上部や地下部の形態を調整して獲得し，またそれを効率よく光合成に利用する仕組みを進化させてきた．そのような「資源の獲得と利用」をめぐる植物たちの生活様式を知ることは，作物の生産性の向上や，絶滅に瀕した植物種が必要とする環境の保全にもつながる．またときには植物の巧みさにただ感心して，野山を歩く楽しみの 1 つとしてもよいだろう．　[村岡裕由]

文　献

Alpert, P., Mooney, H. A.: *Oecologia*, **70**, 227-233, 1986.
浅田浩二：植物細胞工学シリーズ 11　植物の環境応答, pp. 107-119, 秀潤社, 1999.

ボイセン=イェンセン, P. (門司正三・野本宣夫訳): 植物の物質生産, 東海大学出版会, 1982.
キャンベル, G. S., ノーマン, J. M. (久米 篤・大槻恭一・熊谷朝臣・小川 滋監訳): 生物環境物理学の基礎, 森北出版, 2003.
Chiariello, N. R., Mooney, H. A., Williams, K.: Plant Physiological Ecology: Field Methods and Instrumentation, pp. 327-365, Chapman and Hall, 1989.
Ehleringer, J. R., Björkman, O.: *Plant Physiology*, **59**, 86-90, 1977.
Ehleringer, J. R., Forseth, I. N.: Plant Canopies: Their Growth, Form and Function (Russell, G., Marshall, B., Jarvis P. G. eds.), pp. 129-142, Cambridge University Press, 1989.
Farquhar, G. D., von Caemmerer, S., Berry, J. A.: *Planta*, **149**, 78-90, 1980.
Forseth, I. N., Teramura, A. H.: *Ecology*, **67**, 564-571, 1986.
Galvez, D., Pearcy, R. W.: *Oecologia*, **135**, 22-29, 2003.
Givnish, T. J.: *The American Naturalist*, **120**, 353-381, 1982.
彦坂弘毅: 光と水と植物のかたち——植物生理生態学入門 (種生物学会編), pp. 57-84, 文一総合出版, 2003.
彦坂弘毅ほか: 植物生態学, pp. 42-80, 朝倉書店, 2004.
Hikosaka, K.: *Journal of Plant Research*, **117**, 481-494, 2004.
Hikosaka, K., Hanba, Y. T., Hirose, T., Terashima, I.: *Functional Ecology*, **12**, 896-905, 1998.
Hikosaka, K., Sudouh, S., Hirose, T.: *Oecologia*, **118**, 388-396, 1999.
Hirose, T., Werger, M. J.A.: *Oecologia*, **100**, 203-212, 1994.
Huber, H., Wiggerman, L.: *Plant Ecology*, **130**, 53-62, 1997.
Hutchings, M. J., Wijesinghe, D. K.: *TREE*, **12**, 390-394, 1997.
Kobayashi, T., Okamoto, K., Hori, Y.: *Plant Species Biology*, **16**, 13-28, 2001.
Koizumi, H., Oshima, Y.: *Botanical Magazine of Tokyo*, **98**, 1-13, 1985.
Koller, D.: *Plant, Cell and Environment*, **13**, 615-632, 1990.
久米 篤: 光と水と植物のかたち——植物生理生態学入門 (種生物学会編), pp. 185-212, 文一総合出版, 2003.
黒岩澄雄: 物質生産の生態学, 東京大学出版会, 1990.
ラルヘル, W. (佐伯敏郎・舘野正樹監訳): 植物生態生理学, シュプリンガー・フェアラーク東京, 2004.
見塩昌子・川窪伸光: 日本生態学会誌, **50**, 93-98, 2000.
Monsi, M., Saeki, T.: *Japanese Journal of Botany*, **14**, 22-52, 1953. (英訳版 *Annals of Botany*, **95**, 549-567, 2005.)
Mott, K. A., Parkhurst, D. F.: *Plant, Cell and Environment*, **14**, 509-515, 1991.
村岡裕由: 光と水と植物のかたち——植物生理生態学入門 (種生物学会編), pp. 229-243, 文一総合出版, 2003.
Muraoka, H., Koizumi, H., Pearcy, R. W.: *Oecologia*, **135**, 500-509, 2003.
Muraoka, H., Takenaka, A., Tang, Y., Koizumi, H., Washitani, I.: *Annals of Botany*, **82**, 297-307, 1998.
Muth, C. C., Bazzaz, F. A.: *Oecologia*, **132**, 197-204, 2002.
西山理行・鷲谷いづみ・宮脇成生: 保全生態学研究, **3**, 125-142, 1998.
Noda, H., Muraoka, H., Washitani, I.: *Ecological Research*, **19**, 331-340, 2004.

Oguchi, R., Hikosaka, K., Hirose, T.: *Plant, Cell and Environment*, **28**, 916-927, 2005.
Pearcy, R. W., Eheringer, J.: *Plant, Cell and Environment*, **7**, 1-13, 1984.
Pearcy, R. W., Yang, W.: *Functional Ecology*, **12**, 543-552, 1998.
サイモンズ, P.（柴岡孝雄・西崎友一郎訳）：動く植物, 八坂書房, 1996.
Smith, H.: *Annal Review of Plant Physiology*, **33**, 481-518, 1982.
Stuefer, J. F., Hutchings, M. J.: *Oecologia*, **100**, 302-308, 1994.
竹中明夫ほか：植物生態学, pp. 81-113, 朝倉書店, 2004.
Tang, Y., Washitani, I., Iwaki, H.: *Ecological Research*, **7**, 97-106, 1992.
Tang, Y., Washitani, I., Tsuchiya, T., Iwaki, H.: *Ecological Research*, **3**, 253-266, 1988.
舘野正樹：光と水と植物のかたち――植物生態学入門（種生物学会編), pp. 163-184, 文一総合出版, 2003.
Taylor, R. J., Pearcy, R. W.: *Canadian Journal of Botany*, **54**, 1094-1103, 1976.
Thornley, J. H. M.: Mathematical Models in Plant Physiology, Academic Press, 1976.
寺島一郎：植物細胞工学シリーズ11 植物の環境応答, pp. 92-101, 秀潤社, 1999.
寺島一郎：朝倉植物生理学講座3 光合成（佐藤公行編), pp. 125-149, 朝倉書店, 2002.
寺島一郎：光と水と植物のかたち――植物生理生態学入門（種生物学会編), pp. 85-118, 文一総合出版, 2003.
徳富光恵・園池公毅：朝倉植物生理学講座3 光合成（佐藤公行編), pp. 163-179, 朝倉書店, 2002.
Valladares, F., Pugnaire, F.: *Annals of Botany*, **83**, 459-469, 1999.
Yano, S., Terashima, I.: *Plant, Cell and Environment*, **27**, 781-793, 2004.
Yoshie, F.: *Canadian Journal of Botany*, **73**, 735-745, 1995.

3章　雑草の生活史
——戦略とその特性

3.1　はじめに

　雑草は，攪乱（disturbance）が加わる不安定な生態的立地にその生活の場がある．ここで攪乱とは，植物体の一部または全部を破壊するような人間活動や強風，土砂崩れ，野火などの外部からの力をさす（Grime, 1977）．この攪乱の程度や頻度は時と場所によってさまざまであり，また，定期的で予測可能な攪乱もあれば，不定期で予測不可能な攪乱もある．たとえば，野菜が栽培される比較的小規模な畑では，1年のあいだに多種多様な野菜が栽培され，それらの播種・収穫が繰り返されるため，新たな野菜が栽培されるたびに耕耘や中耕除草が行われる．また，栽培される野菜の種類や品種は年によって異なっている．この例では，攪乱は不定期で予測不可能であり，その頻度が高い．一方，イネやコムギ，オオムギなどが比較的大規模に栽培される水田や畑では，野菜畑と比較して栽培にともなう攪乱はより定期的で，その頻度は低い．雑草の生活の場はこれらのほかに，造成地や土砂崩壊地など植生が完全に破壊され，一時的に出現した裸地もあれば，いわゆる伝統的な農村の安定した畦畔もある．このように，攪乱の程度や頻度は時と場所によって質量ともに大きく異なる．攪乱のあるさまざまな生態的立地に多種多様な雑草が生活し，それぞれ特徴のある雑草群落を形成している．いずれにしても，人間の活動は植物にとって攪乱そのものであり，雑草はもっぱら人間活動の影響が及ぶ生態的立地に生活している．

　散布された繁殖体（種子と栄養繁殖器官）が芽生え，栄養生長を経て生殖生長に転じ，開花・結実し，枯死にいたるまでの全過程における一連の活動を，その植物の生活史（life history）とよび，その概要は図3.1のように示され

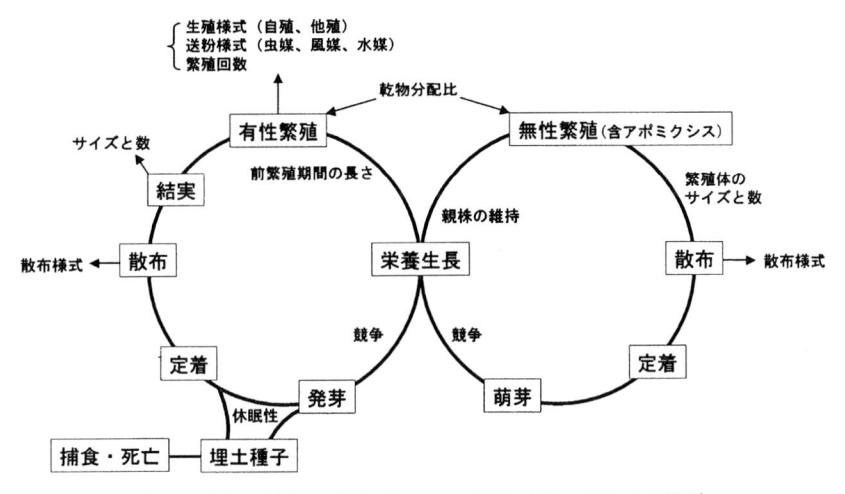

図 3.1 雑草の生活史の概要（Kawano, 1975；河野, 1984 より作図）

表 3.1 雑草の一般的な生活史特性（Baker, 1974 より作成）

- 発芽のための要件は，多くの環境で満たされる．
- 内的に制御された不連続発芽をする．種子の寿命がきわめて長い．
- 実生の生長が早く，栄養生長から生殖生長にすばやく転ずる．
- 自家和合性である．しかし完全な自殖ではなく，他殖も行う．
- 他殖する場合，特別な花粉媒介者を必要としないか風媒である．
- 生育条件がよければ，継続的にきわめて多数の種子を生産する．
- 広い環境に対する耐性と可塑性をもち，生育条件が悪くてもいくらかの種子を生産する．
- 長距離散布や短距離散布に適応している．
- 多年生の場合，旺盛な栄養繁殖を行い，断片からも再生する．また，ちぎれやすく，土壌から引き抜くことは容易でない．
- ロゼット形成，ほかの個体を絞めつけるような生長およびアレロパシーなどの特別の方法で他種と競争する．

る．雑草はこれらの生活史のそれぞれの場面で，除草や耕起，踏みつけなどの攪乱にさらされている．このため雑草は，人間によって播種・収穫される作物や人間の影響が及ばない生態的立地で生活する野生植物とは異なった固有の生活史特性をもち，異なる分類群に属する種であっても共通した生活史特性のいくつかをあわせもっている（表3.1）．この雑草固有の生活史特性の総体を雑草性（weediness）とよび，これは攪乱に高度に適応した性質である．逆に攪乱のない生態的立地では，雑草は競争力に勝る種によって排除される（コラム3参照）．

コラム3　雑草の生活史戦略と r-K 選択説，C-S-R 戦略説

雑草の生活史特性を，次世代に残しうる子孫の数で示される適応度（fitness）と関連づけてとらえようとするとき，r-K 選択説（MacArthur & Wilson, 1967；Pianka, 1970）やC-S-R 戦略説（3戦略説）（Grime, 1977）を用いると理解しやすい．いずれも外部環境と生物の生活史特性の関係を包括的にとらえた理論である．

r-K 選択説において，r は個体数増加のロジスティック生長曲線 $dN/dt = rN\{1-(N/K)\}$ における外部環境による抑制のない状態での内的自然増加率を，K はその環境における収容力をそれぞれ示している（図3.2）．

攪乱がはたらく雑草の生育地では，攪乱によって個体が死亡する確率がきわめて高いため，個体数は常にその環境における収容力未満にある．このため，高い生産性（productivity）をもつ方向に選択がはたらく．逆に攪乱のない安定した環境下では，その環境は飽和状態に達しているため，選択は資源利用の効率（efficiency）を高めるようにはたらく．前者のような特性をもった種を r 戦略型，後者を K 戦略型とよぶ．雑草は，早熟で多数の種子を生産し一回繁殖型である r 戦略型といえよう．

C-S-R 戦略説では，植物の生活史特性の進化を支配しているおもな選択圧を競争，ストレスおよび攪乱であると考え，これらをもとに植物の3適応戦略型，すなわち競争型（C: competitive plants），ストレス耐性型（S: stress-tolerant plants）および攪乱依存型（R: ruderal plants）が進化したと提唱した（図3.3）．攪乱依存型は，r-K 選択説における典型的な r 戦略型に相当する（図3.4）．雑草は，まさに攪乱が加えられる生態的立地に生活の場がある攪乱依存

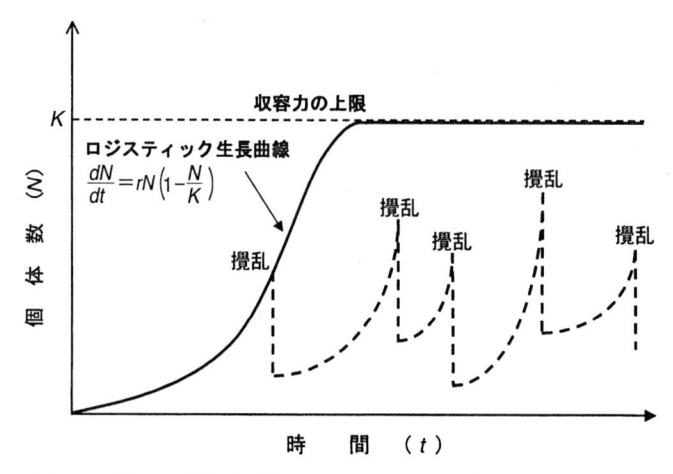

図 3.2　安定した環境（実線）と攪乱のある環境（破線）のもとでの個体数の変動（Boughey, 1968 より作図）

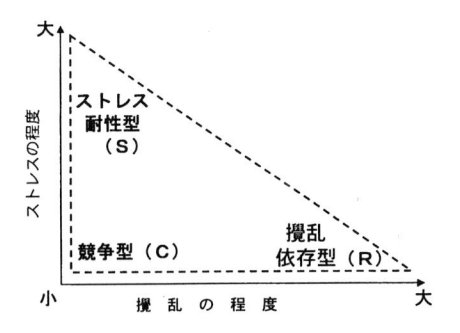

図 3.3 攪乱およびストレスの程度と3適応戦略型（Grime, 1977より作図）

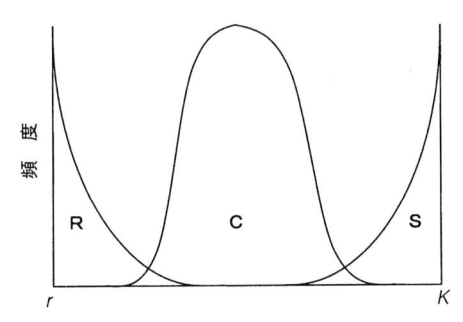

図 3.4 *r-K* の連続的な傾斜に対応して出現する攪乱依存型（R），競争型（C）およびストレス耐性型（S）の頻度（Grime, 1977）

型の生活史戦略をもつ．

　*r-K*選択説もC-S-R戦略説も，あくまで生活史特性の進化と選択圧の関係を一般的，包括的に論じた理論であり，必ずしも個々の雑草についてこれらに述べられている特性がすべて当てはまるわけではない．現実には，さまざまな生活史特性をもった多種多様な雑草が，攪乱のある不安定な生態的立地に生活している．

　雑草は，人間とのかかわりが最も深い植物である．その栄養生長や繁殖，種子の散布様式や休眠性などにかかわる生活史特性を知ることは，植物全般の生活を理解することにつながろう．また，雑草の防除だけでなく，雑草の利用，ときには雑草の保全の場面においても重要である．この章では雑草の生活史を追いながら，その多様な生活史特性を解説する．

3.2 生活環

　有性あるいは無性繁殖によって形成された雑草の繁殖体が散布され，芽生え，栄養成長を経て生殖成長に転じ，開花・結実し，枯死にいたるまでの一生を，その雑草の生活環（life cycle）という．雑草はその生活環の長さによって，一年生雑草（annual weed），二年生雑草（biennial weed）および多年生雑草（perennial weed）に区別される．一年生雑草はその生活環を1年以内に終え，種子を残す．二年生雑草は，種子の発芽から1年以内には開花せず，2年目になって開花・結実し，枯死する．多年生雑草は，生活環が多年にわたる．これらの異なった生活環をもつ種が，生育する場の環境，特に攪乱の程度や頻度に応じて多様な雑草群落を形成している．

　一年生雑草は，二年生雑草や多年生雑草と比較して種子の発芽から短期間で結実にいたるため，攪乱の程度や頻度がより高い生態的立地，たとえば1年に何種類もの野菜が次々と栽培される野菜畑などで，その雑草群落のほとんどすべてを占めている．温度や日長などの季節変化が明瞭な日本では，一年生雑草は，春に発芽し，夏から秋にかけて開花・結実し，冬になると枯死するスベリヒユやメヒシバのような夏生雑草と，秋に発芽し，翌年の春に開花・結実し，夏になると枯死するオオイヌノフグリやスズメノテッポウのような冬生（越年生）雑草に大別される．夏生雑草と冬生雑草それぞれの発芽や開花のタイミングは，温度や日長の季節変化を感知する機構によって制御されている（3.3節および3.4節参照）．ノボロギクなどの一部の雑草は季節を問わず発芽し，開花・結実している．このような雑草の種子は休眠性をもっていないため，温度や水分などの環境条件が発芽に適していれば，いつでも発芽する．また，開花に関する日長反応性が中性であるため，季節を問わず開花する．

　植物体の大きさによって開花するかどうかが決定されるサイズ依存的繁殖を行うオオマツヨイグサのような二年生雑草では，開花までに数年かかる場合があり，このような二年生植物を可変二年草（facultative biennial）とよぶ（Kachi & Hirose, 1983）．また，荒地に生育する北アメリカ原産の外来雑草ヒメムカシヨモギでは，種子の発芽時期によって個体の生活環の長さが決定されている．すなわち，散布された種子が未発芽の状態で低温に遭遇すると，花成

3.2 生活環

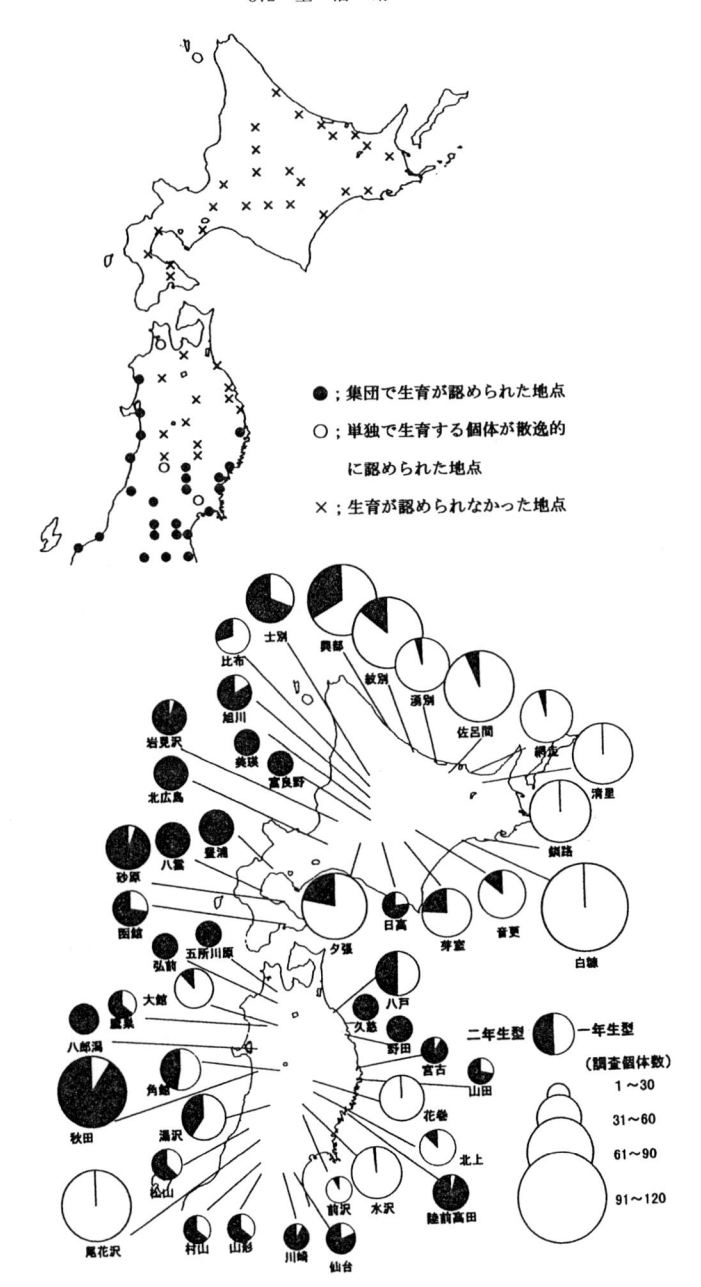

図 3.5 オオアレチノギク（上）とヒメムカシヨモギ（下）の東北および北海道における分布（佐野ほか，1998；一部改変）

誘導刺激への感受性を獲得し，春から初夏にその種子から発芽した個体は短期間に開花にいたる一年生となる．逆に，秋に発芽した個体は根生葉が放射状につくロゼット（rosette）で越冬し，翌秋に開花・結実する二年生となる（吉岡ほか，1998）．ヒメムカシヨモギと同じような生態的立地に生育するオオアレチノギクは，ヒメムカシヨモギの二年生型と同じように秋に発芽し，ロゼットを形成する．オオアレチノギクは北海道や東北北部では冬季の寒さが厳しいためロゼットで越冬できないのに対して，ヒメムカシヨモギは一年生型の形質を獲得した結果，北海道や東北北部では種子で越冬し，これらの地域にまで分布を拡大している（図3.5）．

一年生雑草と二年生雑草は，一生のうち一度だけ種子繁殖する一回繁殖型草本（monocarpic plant）で，一般に種子によってのみ繁殖する．

多くの多年生雑草は，種子と栄養器官（たとえば地下茎，横走根，匍匐茎，珠芽など）の両方で繁殖し，栄養器官による繁殖が特に旺盛である（図3.6）．多年生雑草は，一・二年生雑草と異なり，一生のうち2回以上種子繁殖する多回繁殖型草本（polycarpic plant）である．ただ，チガヤでは，一度出穂した株は枯死する．多年生雑草の繁殖様式はきわめて複雑で，多岐にわたっている（図3.7）．雑草の繁殖に関しては，3.5節で解説する．

図3.6　多年生雑草チガヤの根茎から萌芽したシュート（冨永，2003）

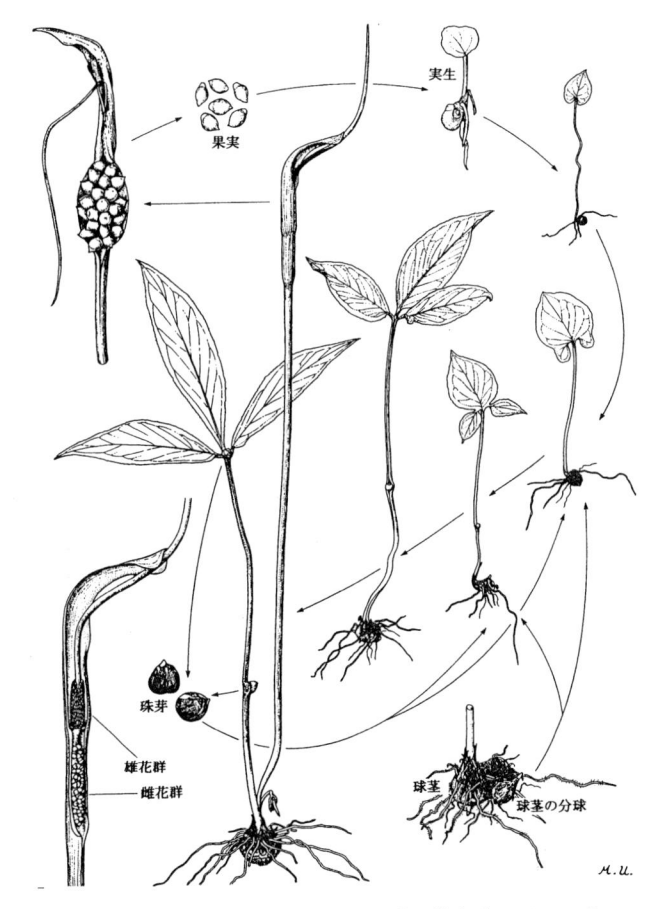

図 3.7　多年生雑草カラスビシャクの繁殖様式（Tominaga & Nakagaki, 1997）

3.3　種子休眠性と埋土種子集団

　農耕地に生育する多くの雑草の種子は，発芽に好適な環境条件に遭遇しても，すべてがすぐに発芽するわけではない．種子がこのような生理状態にあることを休眠している（seed dormancy）といい，多くの雑草の生活史特性の特徴のひとつにあげられる．

　イネやコムギなどの主要食用作物の種子は，栽培化の過程で休眠性を失い，

播種後一斉に発芽する遺伝子型が残されてきた．この休眠性の欠如と斉一な発芽特性は，永年にわたる播種・収穫の繰り返しによってもたらされた形質の進化の産物である（Harlan *et al.*, 1973）．一方，農耕地に生育する多くの雑草の種子は成熟後，親個体から脱落し，すぐには発芽せずに土壌表面あるいは土壌中で休眠したままの状態で生存している．雑草は作物のように適期に播種されることはない．このため温度や日長などの季節変化がある地域では，発芽後生育して種子生産が可能となる時期に，発芽のタイミングが調節されている．また農耕地に生育する雑草は，ときにはその群落を構成するほとんどの個体が死滅するような除草圧にさらされている．作物とは異なり雑草では，発芽後生育して種子生産ができない時期に発芽することを回避し，また除草や耕耘などによって個体群が絶滅することを回避できるように，種子の休眠性が維持されている．

雑草種子の休眠状態は，一次休眠（内生休眠）と二次休眠（誘導休眠）に区分される．一次休眠は，種子が成熟し，親個体から離れた時点ですでに休眠状態にある場合をいう．二次休眠は，いったん休眠状態から覚醒した種子が，発芽に好適な条件に遭遇しなかったときに，再び休眠状態に入ることをいう．種子の休眠状態を表す用語として，一次休眠あるいは二次休眠のほかに，環境休眠（強制休眠）という用語が使用される場合がある．環境休眠は，親個体から離れた種子が，単に発芽に好適な温度や水分などの条件に遭遇せず発芽できずにいる状態のことで，本来の休眠ではない．発芽に好適な条件が整いさえすれば，すぐに発芽する状態である．この状態は，一次休眠から発芽，あるいは一次休眠から二次休眠へ移行するあいだに必ず介在している．雑草の種子が散布された場では，一次休眠あるいは二次休眠から覚醒した種子のうち，発芽しなかった種子が再び二次休眠に入る季節的なサイクルが毎年繰り返されている（図 3.8）．

雑草では，同一個体由来の種子であっても休眠の程度が異なり，このことも雑草の発芽時期が斉一でない一因となっている．エゾノギシギシとナガバギシギシでは花序における種子の着生位置によって種子重が異なり，花序の基部に形成される重い種子は，花序の先端部に形成される軽い種子より暗・変温（15～30℃）条件下での発芽率が低い（図 3.9）．オナモミ属のある種では，1つのいが（偽果）の中の上位と下位に種子が形成される．上位の種子は速やか

3.3 種子休眠性と埋土種子集団

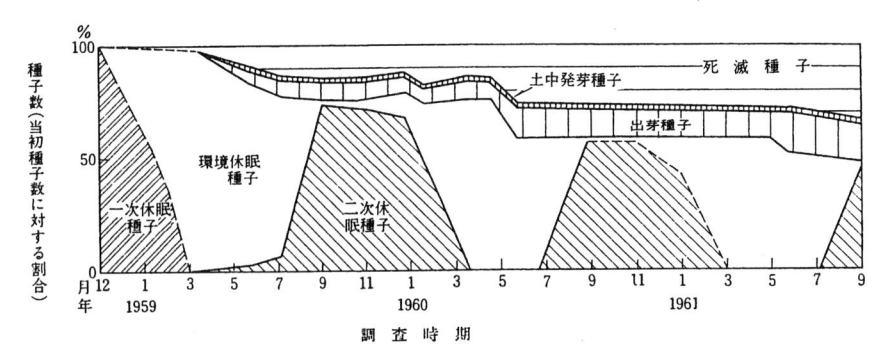

図 3.8 湛水土壌に埋土したタイヌビエ種子の休眠状態の季節変化（宮原，1972；一部図示）

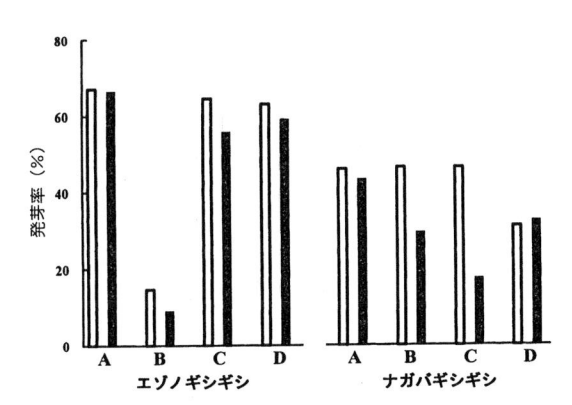

図 3.9 エゾノギシギシとナガバギシギシの花序における種子の着生位置の違いによる発芽性（暗黒，15～30℃の変温条件）（Cavers & Harper, 1966；一部図示）
A～D はそれぞれの個体を，白棒は花序の先端部，黒棒は基部の種子をそれぞれ示す．

に発芽するが，下位の種子は翌シーズンまで発芽しない．この休眠性の違いによって，個体群が維持されているという（Löve & Dansereau, 1959）．

多くの雑草の種子は，作物の種子と比較してその寿命が長く，約 90 cm の深さに埋土されたナガバギシギシやモウズイカの種子の少なくとも半数以上が，50 年後も発芽力を失わなかった例が報告されている（Kivilaan & Bandurski, 1981）．これは，雑草の種子が休眠性をもっているためであるかもしれない．このため，農耕地など雑草の生育地では雑草の種子が土壌中に次々と蓄積され，大きな埋土種子集団（seed bank）が形成されている（図3.10および表3.2）．この埋土種子集団が，雑草の不斉一な発生と翌シーズン以降の発

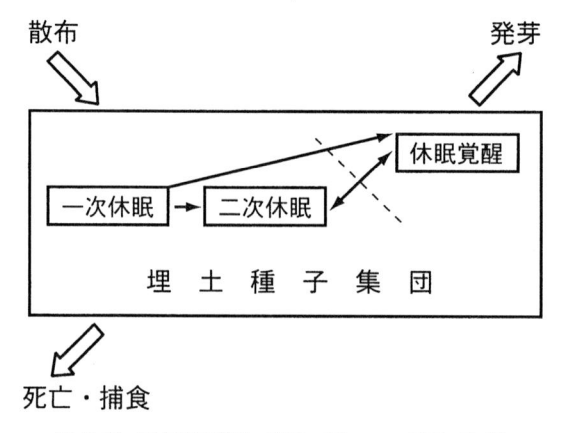

図 3.10 埋土種子集団の動態 （Harper, 1977；改変）

表 3.2 イギリスの農耕地における埋土種子数（Cavers & Benoit, 1989；一部引用）

栽培作物	埋土種子数(m^{-2})
野菜	2773〜46819
野菜	1386〜3240
トウモロコシ	7000
ニンジン	5025
野菜	250〜24330
穀物	8329〜73350
コムギ	28709
オオムギ	29952
穀物	12831〜43960

生源となる．雑草の種子は空間的に散布されるだけでなく，休眠性をもっていることにより時間的にも散布される．こうして雑草は，個体群が全滅することを回避している．

　一般に，夏生雑草の休眠種子は冬季の低温に遭遇することによって，冬生雑草の休眠種子は夏季の高温によって，休眠から覚醒する．休眠種子は，季節変化を感知して発芽のタイミングを決定している．休眠がある程度覚醒している種子の発芽には，変温もまた有効である．

　雑草種子の発芽が，曝光や変温によって促進される例がある．植被のない裸地は競争者がいないため，雑草の生育に適している．植被がないと直射光が地表に達し，1日のうちの温度変化が大きくなる．変温による発芽促進は，裸地

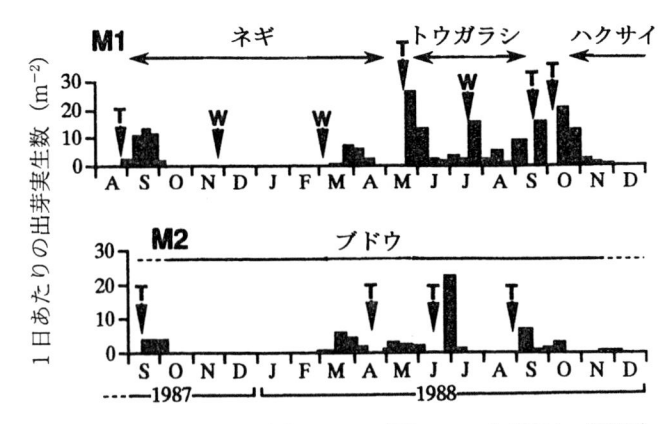

図 3.11 耕耘とコハコベの出芽パターン (Miura et al., 1995；一部図示) M1は野菜畑，M2はブドウ園での調査結果．Tは耕耘，Wは手取り除草を示す．

検出機構としてはたらいているようである．また，地中深く埋まっていた種子が耕耘などによって地表面に移動し，曝光することによって，発芽が促進される場合がある（図3.11）．これも，曝光が裸地検出機構としてはたらいている例である．さらに，降雨後，裸地では土壌中のCO_2濃度が一時的に上昇する．このCO_2濃度の上昇によって，イヌビエの一斉発芽が生じる現象も知られている（Yoshioka et al., 1998）．

休眠から覚醒した種子が発芽にいたる条件は，畑雑草と水田雑草とで大きく異なっている．たとえば，日本に広く分布するヒエ属の水田雑草と畑雑草に関して，おもに水田に生育するタイヌビエとヒメタイヌビエ，畑地に生育するヒメイヌビエの休眠覚醒種子の発芽に与える酸素分圧の影響を調べると，水田に生育するタイヌビエとヒメタイヌビエは酸素分圧にかかわらず発芽したのに対して，ヒメイヌビエは酸素が十分に供給される条件下でのみ発芽が可能であった（図3.12）．また，畑地から水田まで広い範囲に生育するイヌビエでは，発芽時の酸素要求性はさまざまで，遺伝子型によって異なるようである．これらは，それぞれの生育地の水分条件に対する適応の結果である（Yamasue et al., 1989）．タイヌビエやヒメタイヌビエで認められる低酸素分圧下での発芽は，ほかの水田雑草のコナギやイヌホタルイでも認められている（片岡・金，1978）．

多年生雑草が形成する塊茎や鱗茎などの栄養繁殖器官も，休眠性をもってい

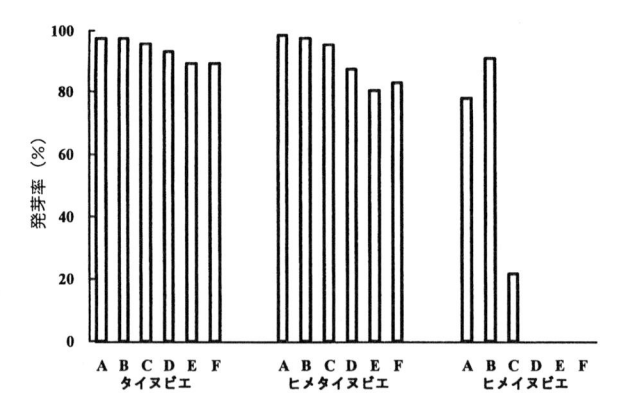

図 3.12 酸素分圧がヒエ属雑草の発芽に与える影響
(Yamasue *et al*., 1989；改変)
A：圃場容水量の50%，B：圃場容水量の100%，C：飽水，
D：5 cm 深冠水，E：10 cm 深冠水，F：15 cm 深冠水．

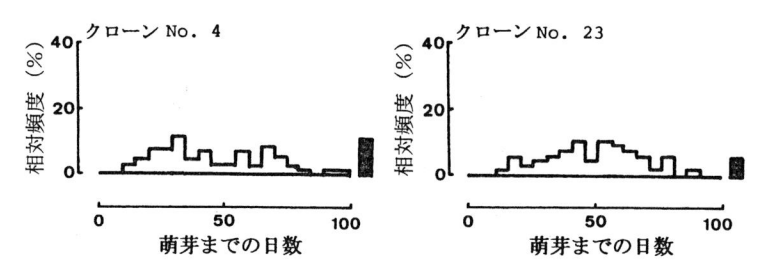

図 3.13 クログワイの塊茎の萌芽パターン (Kobayashi *et al*., 1986；一部図示)
□：萌芽塊茎　■：未萌芽塊茎

る．水田雑草のクログワイでは個体間だけでなく，同一個体由来の塊茎のあいだで休眠性の程度が大きく異なり，一個体由来の塊茎が断続的に長期間にわたって萌芽する（図3.13）．クログワイはこの特性によって，除草から逃れている．

一般に，栄養繁殖器官の寿命は種子の寿命と比較して長くはなく，埋土集団のサイズは小さい．

3.4 発芽から開花

雑草の生育地では，雑草の生育中に攪乱がたびたび生ずる．このため，雑草は仮に多数の種子を生産しても，発芽して開花にいたる個体はそのうちのごく

一部であり，生育中の死亡率が高い．雑草は長い進化の歴史の中で，攪乱にもかかわらず，種子生産を可能にする生活史特性を獲得してきた．

一般に，植物の開花はおもに日長に支配されているが，雑草は発芽時期が斉一でないため，発芽してから開花にいたるまでの栄養生長期間の長さに関して，顕著な表現型可塑性（phenotypic plasticity，生物が生育環境に応じて外部形態や生理状態を変化させうること）を示す．たとえば野菜畑では，さまざまな種類の野菜が次々と栽培されるため，作付けや中耕除草にともなう耕耘が不定期に行われている．これによって雑草の発芽期が変動し，このことが雑草の栄養生長期間の長さと開花期にも影響を与えている．

夏生一年生雑草のメヒシバを北海道（渡辺，1978）と埼玉県（高林，1984）において4月から9月にかけて1ヵ月ごとに播種し，出穂までの日数をそれぞれ調査した．4月に播種すると，北海道では出芽後約120日で，埼玉県では約110日で出穂したのに対し，8月に播種すると両調査地ともわずか40日前後で出穂した．シロザでもメヒシバと同様に，播種期が遅くなるにつれ栄養生長期間が短くなる傾向が認められた．また，8月上旬に出芽したヒメイヌビエの個体は，草丈が10 cm足らずで開花にいたった．これらの雑草は短日を感知して開花にいたる短日性植物で，個体サイズが小さくても日長がある限界より短くなれば，開花・結実にいたる．一方，ツユクサやオオイヌタデは，日長条件にかかわらず，出芽後ある一定の日数を経た後に開花する中性植物である．

冬生一年生雑草の開花には，長日に反応する前提条件として，ある一定期間低温に曝されることを必要とすることもある（春化 vernalization）．ハコベ属の近縁な2種，コハコベとミドリハコベは，前者がおもに野菜畑などの攪乱が多い生態的立地に，後者がおもに樹園地などの比較的攪乱が少ない生態的立地に生育している．コハコベは春季から秋季にかけて断続的に発芽し，開花に関する日長反応性は中性で早産性であり，かつ一個体内における種子生産期間が長く，継続して種子を生産する．一方，ミドリハコベは開花に春化を必要とし，秋季に発芽し，翌春開花にいたる栄養生長期間がより長い生活史特性をもっている．これらの発芽と開花特性は，それぞれの生育地における攪乱の様相に適応していると考えられる（Miura *et al.*, 1995）．

メヒシバでは，狭い地域内の生態的立地が異なる個体群のあいだで，出穂に関する日長反応性が遺伝的に分化している例が報告されている（Kataoka *et*

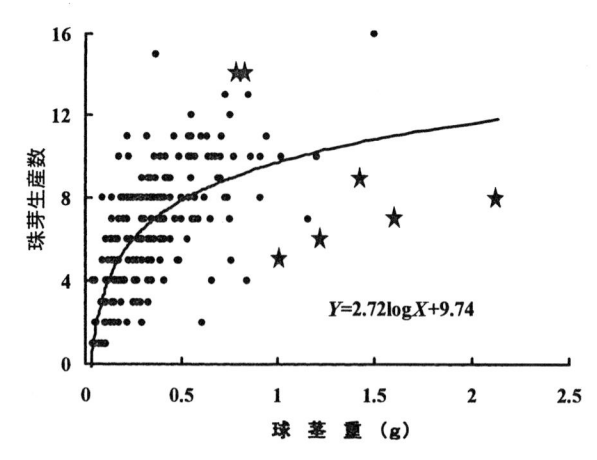

図 3.14 カラスビシャクの萌芽時の塊茎重と種子繁殖および珠芽生産数（Tominaga & Nakagaki, 1997）
★：花茎を抽出した個体．

$Y=2.72\log X+9.74$

al., 1986)．異なる生態的立地由来のメヒシバの種子を4月から9月にかけて1ヵ月ごとに播種したところ，通常の短日性型の個体では播種期にかかわらず8月中旬まで出穂が認められず，4月に播種された個体では出芽後出穂までに119〜123日を要した．一方，中性型の個体では，播種期にかかわらず33〜55日で出穂した．短日性型の個体がふつう畑や水田の畦畔に生育しているのに対し，中性型の個体は，路傍や園芸畑などの攪乱の予測性が低い生態的立地に多く認められる傾向があった．この2つの日長反応性型は，それぞれの生育地における攪乱の様態に適応しているようである．

栄養生長から生殖生長に転ずるタイミングが個体のサイズに依存している雑草も多い．カラスビシャクでは，萌芽時の生重が0.79g以上である球茎をもつ個体は花茎を抽出するが，球茎重がそれ以下であると花茎を抽出しない（図3.14）．オオマツヨイグサが栄養生長から生殖生長に転ずるには，ロゼットが冬の低温に遭遇することとその後の長日条件が必要で，ロゼットの直径が9cm以上あれば春の長日を感知できるようである（Kachi & Hirose, 1983）．

3.5 雑草の繁殖

ほとんどすべての一年生雑草と二年生雑草は種子によって繁殖し，多くの多

年生雑草は種子繁殖と栄養繁殖を行う．

● a. 種子繁殖

種子は，花粉の精核と胚珠の卵核および極核の接合によって通常有性的に形成される．しかし，この雌雄の配偶子の接合なしに種子が形成される場合があり，これをアポミクシス（apomixis）とよぶ．一年生雑草は，自家受粉によって受精が正常に行われる自家和合性であるか，あるいはアポミクトである場合が多い．このことによって，親個体から遠く離れた場所に雑草の種子が散布され，二次遷移の先駆者としてただ一個体だけが開花にいたった場合，あるいは複数個体が開花にいたった場合であっても隣接する個体との距離が離れていたり，生育密度が低かったりする場合でも，確実に種子を残すことができる．また，セイヨウタンポポで認められるように，訪花昆虫の少ない都市部でも種子を生産することが可能である．一方，自殖性の場合であっても完全な自殖ではなく，他殖もある割合で行っている．

開花しないままの状態で同花受粉を行う花を，閉鎖花（cleistogamous flower）という．雑草には，同一個体に開放花と閉鎖花をつける種がある．スミレは，春には開放花をつけ，それ以降は閉鎖花をつける．一方，コナギやホトケノザは，一個体の同じ花序に開放花と閉鎖花を同時につける．またマルバツユクサやヤブマメは，地下に閉鎖花を形成する．これらは開放花による種子生産の可能性が低い条件下でも，閉鎖花によって確実に，かつ，より低いコストで種子を生産する生活史戦略の一例である．

他殖性の雑草は，送受粉を特定の昆虫に依存するのではなく，広い範囲の送粉者（pollinator）によっているか，あるいは風媒である場合が多い．

チガヤやヨモギなど種子繁殖と栄養繁殖の両方で繁殖体を形成する多年生雑草では，種子は他殖によって形成される例が多い．これによって個体間あるいは個体群間の遺伝的交流を維持し，その結果，変異の連続性が保たれている．

雑草は個体あたりの種子生産数に関しても，大きな表現型可塑性を示す（図3.15）．出芽時期が異なるメヒシバとカヤツリグサの種子生産数を調査した結果，5月25日に出芽したメヒシバの個体は，14911個の種子を生産し，8月22日に出芽した個体は，1560個の種子を生産した．5月8日に出芽したカヤツリグサの個体は，111449個の種子を生産し，8月22日に出芽した個体は，4366

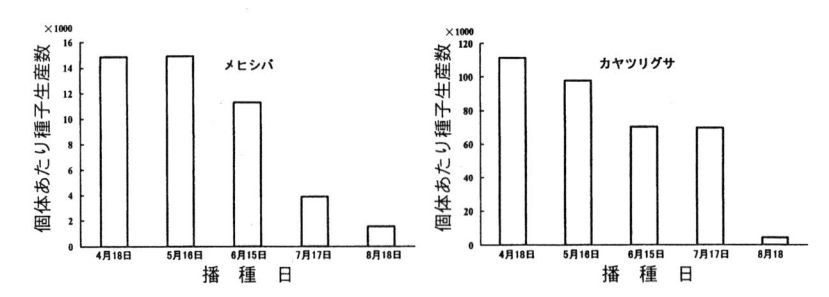

図 3.15 播種期が異なるメヒシバとカヤツリグサの種子生産数（高林，1984 より作図）

個の種子を生産した（高林，1984）．またスカシタゴボウやスベリヒユは，栄養生長を継続しながら次々と花をつける無限繁殖型（indeterminate）の雑草で，条件が許せば長期間にわたって継続して種子を形成する．その結果，ときには一個体が 20 万以上もの種子を生産するという．この一方で，生育条件が悪くても少数ではあるが，確実に種子を生産する．

　一回繁殖型の雑草の個体サイズと種子生産数のあいだには，同一種内の個体であれば正の相関があり，栄養生長期間が短い個体は個体サイズが小さく，多数の種子を生産することができない．逆に栄養生長期間が長く十分に生育した個体はきわめて多数の種子を生産する．栄養生長期間の長さを（その結果として個体サイズを）発芽時期に応じて可塑的に変化させうる種が，予測不可能な場に生育する雑草として現在繁栄していると考えられる．

　一個体が種子生産に投資できる資源は限られているため，生産される種子のサイズと数はトレードオフの関係にある（図 3.16）．上述のスカシタゴボウの千粒重は 59〜85 mg，スベリヒユの千粒重は 63〜154 mg であった（高林，1984）．ちなみにイネの千粒重は 23 g 程度で，パンコムギの千粒重は 30〜40 g 程度である．小さな種子を多数生産することが，雑草の種子生産特性といえる．

● b. 栄養（無性）繁殖

　多年生雑草は，きわめて旺盛な栄養繁殖を行う．栄養繁殖器官は地下深くに形成されることが多く，このことが多年生雑草の防除を困難にしている一因である．

　地下茎（subterranean stem）には節があり，その節に腋芽がついている．

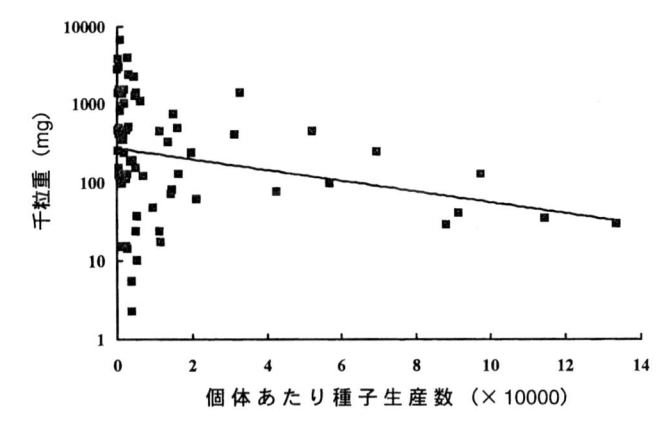

図 3.16　雑草の個体あたり種子生産数と千粒重（mg）（草薙ほか，1994 より作図）

　地下茎は，その形態によって根茎（rhizome），塊茎（tuber），球茎（corm）および鱗茎（bulb）に区分される．いずれも光合成産物の貯蔵器官でもある．チガヤやヨモギでみられる根茎は，地中を長く横走し，その節から茎や根を生ずる．クログワイやハマスゲでみられる塊茎は，根茎の一節から数節が肥大した器官である．アギナシやカラスビシャクでみられる球茎は，主茎の基部が肥大し，球状になっている．ノビルやヒガンバナでみられる鱗茎は，多肉になった葉に短縮した茎が包まれている．

　カタバミやシロツメクサでみられる匍匐茎（stolon）は，根茎と異なり地表を横走する．

　キレハイヌガラシやセイヨウトゲアザミにみられる横走根（creeping root）は，外部形態が根茎にきわめて類似しているが，節や腋芽がない点で根茎と区別される（伊藤，1993）．横走根も地下茎と同様の光合成産物の貯蔵器官である．

　カラスビシャクやコモチマンネングサでみられる珠芽（bulbil）は，腋芽などに光合成産物が蓄積され，肥大した器官である．

　根茎，匍匐茎および横走根が切断されると，その切断片のそれぞれが個別の繁殖体となる．

　多年生雑草では複数の異なる栄養繁殖器官を同時にもつ種がある．カラスビシャクは種子で繁殖するほか，多様な栄養繁殖器官を形成する．すなわち球茎の分球によって繁殖するほか，葉身の基部と葉柄に珠芽を形成する．これらの形成はすべて親球茎の重さに依存している（Tominaga & Nakagaki, 1997）．

栄養繁殖器官は，種子と比較してより多くの光合成産物を貯蔵し，サイズが大きく重い．このため，栄養繁殖器官から萌芽した個体はサイズが大きく，初期生長が早い．この結果，生育初期の死亡率が低い．また，地中深くから出芽できる．一方，個体あたりの栄養繁殖器官の生産数は，種子と比較してはるかに少ない．栄養繁殖器官は，極端な乾燥や湿潤あるいは高温や低温などのストレスに対する耐性が低く，このため寿命は種子ほど長くない．また，サイズが大きく重いため，遠距離散布には不利である．

多年生雑草における種子と栄養繁殖器官への光合成産物の配分比率は，多年生雑草の種類やその雑草が生育する条件によって異なる．

雑草は，それぞれの生育地の温度や日長，土壌養分，攪乱の程度や頻度などの環境条件に応じて，それぞれ種子繁殖や栄養繁殖によって個体群を維持している．

3.6　散布と定着

雑草は，種子散布のためのさまざまな仕掛けをもっている（図3.17）．たとえばタンポポ属やムカシヨモギ属のそう果は風散布のための長い冠毛をもち，遠方へも散布される．二次遷移の先駆者には，風散布型の種子をもつ雑草が多い．アメリカセンダングサやオオオナモミ，ヒナタイノコズチ，ヤブジラミはその果実にかぎ状のとげがあり，動物や人間に付着してその種子が散布される．カラスビシャクの果実やスミレ属の種子はアリを誘引するいくつかの脂肪酸を含んだ付属体（エライオソーム elaiosome）をもっており（中西，1994），種子はアリによって散布される．カタバミやヤハズエンドウは自動的に種子を弾く仕掛けをもっている．また，ヒデリコの種子のように浮遊する仕掛けをもち，水散布する雑草もある．

雑草は野生植物とは異なり，農耕をはじめとする人間活動に高度に適応した植物であるため，これらの散布手段に加え，その種子や栄養繁殖器官が作物の種子や苗，飼料に混入して散布されたり，農機具や農業資材へ付着して散布されることが多い（表3.3および表3.4）．アゼトウガラシのスルホニルウレア系除草剤抵抗性生物型の出現状況を特定の集落で調査した結果では，抵抗性生物型が出現した水田の所有者が同じであったり，トラクタなどの農業機械の進

3.6 散布と定着

カントウタンポポ　ススキ
風散布

アメリカセンダングサ　イノコズチ
付着散布

カタバミ　ヤハズエンドウ
自動散布

ツユクサ　メヒシバ
重力散布

図 3.17 雑草の種子散布のためのさまざまな仕掛け（沼田・吉沢, 1975；一部図示）

表 3.3 代掻きおよび田植え時に農業機械に付着した水田土壌中の雑草種子数（坂本, 1989より作表）

	イヌホタルイ	ノビエ
トラクタ	3369/台	114/台
田植え機	731/台	36/台
オペレータ	23/人	2/人

調査水田土壌中の埋土種子数は，イヌホタルイで0～5 cm の層に 21200/m^2 および 0～15 cm の層に 59600/m^2，ノビエでそれぞれ 2900/m^2 および 8100/m^2 であった．

表 3.4 機械脱穀後の稲わらへのイヌホタルイ小穂の混入（坂本, 1989より作表）

	稲わら1束への混入小穂数（$X \pm$ SD）
イヌホタルイ 520 個体/m^2 発生水田	591±202
イヌホタルイ 25 個体/m^2 発生水田	134± 88

稲わら1束は，3 m^2 の水稲分で，風乾重で 1.8～2.0 kg．

入部分だけに抵抗性生物型が出現していることが観察された．この出現状況から，アゼトウガラシの種子が農業機械に付着して散布されたことが推定されている（伊藤，2003）．また，コムギやオオムギなどのムギ類の随伴雑草であるドクムギの穎果は，ムギ類の穎果と外部形態や大きさが類似している（種子擬態 seed mimicry）ため，種子選別を逃れ，ムギ類の穎果に混入したまま（図3.18）ムギ類の伝播とともにその分布域を拡大した．多くの雑草の種子は，家畜の消化管を通過した後も発芽力を失わないため（表3.5），家畜の糞や堆肥を経由して散布される．十分に発酵させた堆肥では，発酵中の高温によって堆肥中の雑草種子は死滅するが，近年堆肥が未熟な状態のまま散布されるよう

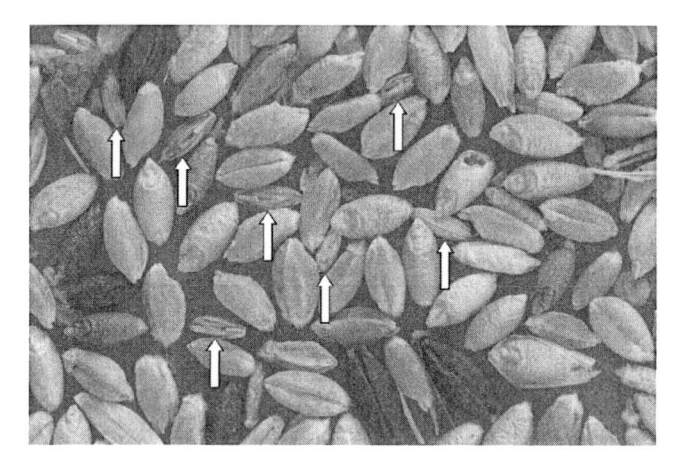

図 3.18 エチオピアの市場で購入したコムギのサンプルに混入したドクムギの穎果（冨永，2005）

表 3.5 家畜の消化管を通過した後の雑草種子の発芽力
(Muenscher, 1955；一部抜粋)

雑草種	ウマ	ウシ	ブタ	ヒツジ
ナガバギシギシ	+	+	+	+
スベリヒユ	−	−	+	+
コハコベ	+	+	+	+
シロザ	+	+	+	+
アオゲイトウ	+	+	+	+
ハルザキヤマガラシ	+	+	+	+
ワルナスビ	+	+	+	+
セイヨウタンポポ	−	−	+	+
エノコログサ	+	+	+	+
シバムギ	+	+	−	+

+：発芽可能　　−：発芽不可

コラム 4　雑草の除草剤抵抗性生物型

世界で最初の除草剤である 2,4-D が 1947 年に開発され，その後さまざまな除草剤の使用によって除草にかかる労力が大幅に削減された．その一方で，特定の除草剤に対して通常の感受性生物型の数十倍から数百倍もの抵抗性を示す雑草の除草剤抵抗性生物型（herbicide resistant biotype）の存在が顕在化し，2005 年 12 月現在で 182 種 304 例の抵抗性生物型が報告されている（図 3.19）．その中には作用機作が異なる複数の除草剤に対して同時に抵抗性を示す複合抵抗性（multiple-herbicide resistance）をもつ生物型も存在している．

雑草の除草剤抵抗性生物型が顕在化した理由は，自然集団中にもともときわめて低い頻度で存在していた除草剤抵抗性生物型が，特定の除草剤の運用によって優占化したためであると推定されている．今までに報告された除草剤抵抗性のほとんどは，1 個あるいは少数の優性核遺伝子に支配されている．例外としてトリアジン系除草剤に対する抵抗性は，ほとんどの場合葉緑体ゲノムによって付与されている．微動遺伝子が抵抗性に関与している例が報告されていないのは，近年開発された除草剤の作用点が特異的で，かつその除草剤による選択圧がきわめて強力であるため（通常の使用で 90〜99% の感受性個体が死亡する），十分な抵抗性を獲得するのに必要な数の微動遺伝子が一個体に集積されることがないからである（Jasieniuk *et al*., 1996）．

トリアジン系除草剤やパラコートに対して抵抗性を示す生物型では，競争力

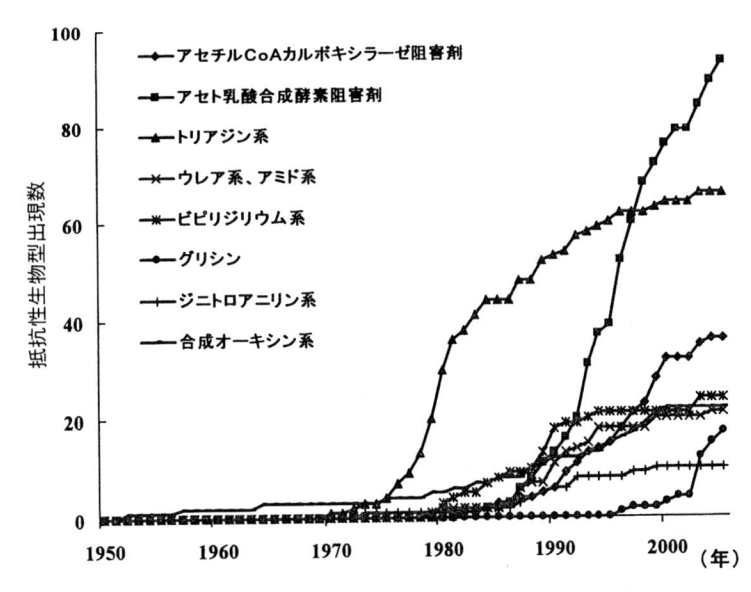

図 3.19　除草剤抵抗性生物型の出現数の推移（Heap, 2005）

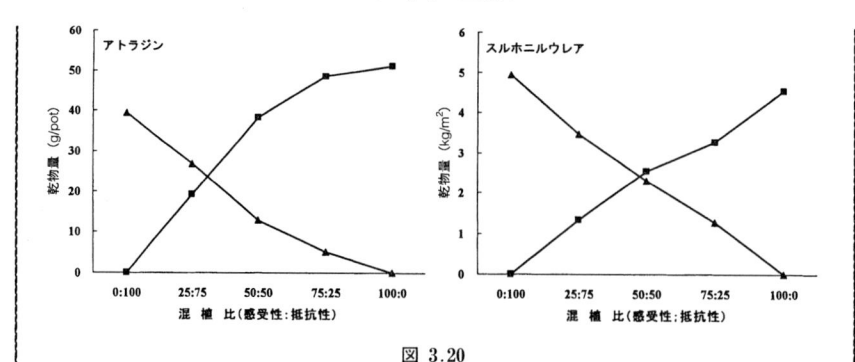

図 3.20　アトラジン（左）とスルホニルウレア（右）に対するアオゲイトウの感受性生物型（■）および抵抗性生物型（▲）をさまざまな比率で混植したときの，それぞれの生物型の乾物生産量（Conard & Radosevich, 1979；Sibony & Rubin, 2003 より作図）．

や種子生産数で評価される適応度が感受性生物型と比較して劣り，これらの除草剤が散布されない環境下では，抵抗性生物型が優占しないとされてきた．しかし，1980年代以降広く使用されるようになったスルホニルウレア系除草剤に対する抵抗性生物型では，適応度に関して感受性生物型と差異がないことが報告されている（図 3.20）．

になり，このことが放牧地や飼料畑における外来雑草の蔓延の一因になっている（Nishida *et al.*, 1999）．

3.7　水田雑草と畑雑草の生活史特性

　水田と畑地では，そこで栽培される作物や作付け体系が大きく異なり，それにともなう攪乱の程度や頻度も大きく異なっている．また，土壌の水分条件も大きく異なっている．この結果，水田あるいは畑地を生活の場とする雑草は，それぞれの生育地に対応した固有の生活史特性をもっている．

　水田は日本の全耕地面積の約60％を占め，そこでは永年にわたり，毎年水稲作が延々と繰り返されてきた．水田の夏生雑草の多くは，水稲が日本に伝わったときに随伴して侵入・定着した史前帰化植物（前川，1943）である．一方，水田の冬生雑草はヨーロッパ原産で，中国大陸を経由して日本に伝わった雑草が多い．水田に生育する夏生一年生雑草は，水稲の播種あるいは移植のための代掻き後に発芽し，水稲の収穫前後にその生活環を終える種が多い．また，多年生雑草も代掻き後に萌芽し，水稲の収穫前後に種子や栄養繁殖器官を

形成し終える種が多い．一方，水田の冬生雑草の繁殖体は水稲の栽培期間中休眠しており，水稲収穫のための落水後に出芽し，翌春の代掻き前に種子や栄養繁殖器官を形成し終える．このように水田雑草の生活環は，夏生雑草においても冬生雑草においても，永年にわたり繰り返されてきた水稲の栽培体系に同調している．

こうして水稲の栽培体系に適応した生活史特性を進化させてきた水田雑草であるが，近年の水稲の早期栽培や乾田化，除草剤の使用など栽培体系のあまりにも急激な変化に対応できず，絶滅の危機に瀕している水田雑草が少なくない．たとえば，水田の夏生一年生雑草のスブタやヤナギスブタでは，湿田の減少に加え，稲刈りの時期が1ヵ月半前後も早まったことにより，稲刈りのための落水も1ヵ月半前後早まり，生育地が乾燥することによって種子を形成する前に死滅してしまう．また，冬季休閑に生育するミズタカモジグサでは，田植えの時期が1ヵ月半前後早まったことにより，出穂前に植物体が水田に鋤きこまれ，種子を形成することができない（図3.21）．水稲に植物体が擬態 (vegetative mimicry) し，生活史もその地域で栽培されている水稲の品種に同調しているタイヌビエも，手取り除草から除草剤の使用による防除方法の変化や水稲の早期栽培によって個体数が減少している（Yamasue, 2001）．

畑地の環境は，水田のそれとは大きく異なっている．水田では毎年同じ時期に同じように水稲が栽培されるのに対し，畑地では1年のあいだに栽培される作物の種類が多様で，年によっても作物の種類が異なり，耕種操作の時期や種類を予測することができない．特に，ムギ類や飼料作物が栽培される普通畑と

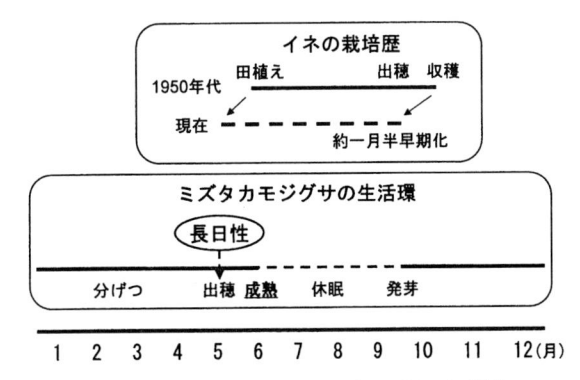

図 3.21 水稲の栽培歴の変化とミズタカモジグサの生活環（阪本，1978；改変）

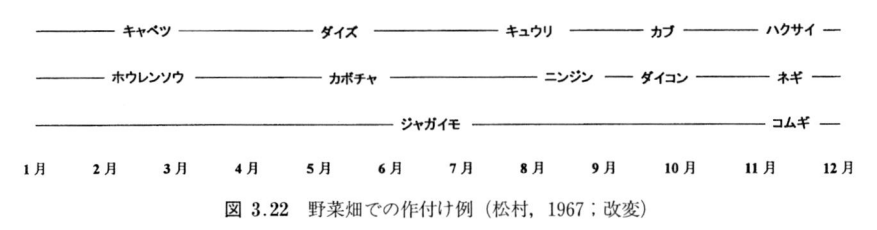

```
———— キャベツ ————    ———— ダイズ ————    ———— キュウリ ————    — カブ —    — ハクサイ —
   ———— ホウレンソウ ————    ———— カボチャ ————    ———— ニンジン ——  — ダイコン —    — ネギ —
                        ———————— ジャガイモ ————————                        — コムギ —
1月   2月   3月   4月   5月   6月   7月   8月   9月   10月   11月   12月
```

図 3.22 野菜畑での作付け例（松村, 1967；改変）

表 3.6 スズメノテッポウの畑地型と水田型の特性 (松村, 1967)

形　質	畑地型	水田型
染色体数	$2n=14$	$2n=14$
生育地	畑・路傍	水田（乾田）
種子長 (mm)	2.32 ± 0.026	2.99 ± 0.166
100粒重 (mg)	18.4 ± 0.35	42.5 ± 6.63
日長反応	長日性	中性
生殖様式	他殖的	自殖的
種子生産数 (1穂)	約500	約270
種子休眠性	深い	浅い
休眠性の変異	大	小
休眠解消要因	不明	高温・低酸素分圧
発芽条件の幅	狭い	広い

比較して，野菜類が栽培される畑ではこの傾向が著しい（図3.22）．このため野菜畑には，栄養生長から生殖生長に速やかに転ずることができる種や種子の休眠が深い種など，野菜畑の不安定で予測不可能な環境条件に適応した一年生雑草が生育している．

スズメノテッポウやスズメノカタビラのように田畑両方に生育する雑草は，水田型と畑地型に遺伝的に分化し，それぞれ生活史特性も異なっている．スズメノテッポウの畑地型は，水田型と比較して小さな種子を多産し，種子の休眠が深い特性をもっている．また発芽条件の幅が狭く，休眠覚醒の要因は明らかではない（表3.6）．畑地型は，長期間にわたって断続的に発芽する．この発芽特性は，予測性の低い攪乱が頻繁に生じる立地において，個体群の維持に有利にはたらくと考えられる．一方，水田型の種子休眠は夏季の高温・低酸素分圧で解消され，稲刈りのための落水後すみやかに発芽し，密な個体群を形成する．この発芽特性は，他種との競争に有利にはたらくと考えられる．スズメノテッポウの畑地型と水田型の差異は，予測性に乏しく不規則な攪乱が行われ，

より不安定な生態的立地である畑地と,永年にわたり周期的な耕種操作が繰り返されてきた水田に,それぞれ適応した遺伝子型が残されてきた結果である(松村,1967).

このように雑草は,作物や野生植物とは異なった,それぞれの生育地における攪乱の程度や頻度に高度に適応した固有の生活史特性をもっている.これらの特性は,雑草の長い進化の歴史の中で,攪乱を回避し,個体群を維持するために獲得されてきた特性である.そして,多種多様な雑草が存在し,雑草群落の多様性が維持されている. 　　　　　　　　　　　　　　　　　　　　　　　　　　　　[冨永　達]

文　献

Baker, H. G.: *Ann. Rev. Ecol Syst.*, **5**, 1-24, 1974.
Boughey, A. S.: Ecology of Populations, pp. 25-49, Macmillan, 1968.
Cavers, P. B., Benoit, D. L.: Ecology of Soil Seed Banks (Leck, M. A., Parker, V. T., Simpson, R. L. eds.), pp. 309-328, Academic Press, 1989.
Cavers, P. B., Harper, J. L.: *J. Ecol.*, **54**, 367-382, 1966.
Conard, S. G., Radosevich, S. R.: *J. Appl. Ecol.*, **16**, 171-177, 1979.
Grime, J. P.: *Amer. Natur.*, **111**, 1169-1194, 1977.
埴岡靖男:雑草研究, **34**, 210-214, 1989.
Harlan, J. R., de Wit, J. M. J., Price, E. G.: *Evolution*, **27**, 311-325, 1973.
Harper, J. L.: Population Biology of Plants, pp. 83-110, Academic Press, 1977.
Heap, I.: The International Survey of Herbicide Resistant Weeds. Online. Internet. December 22, 2005. URL: http://www.weedscience.com
伊藤一幸:雑草の逆襲, pp. 44-53, 全国農村教育協会, 2003.
伊藤操子:雑草学総論, pp. 74-79, 養賢堂, 1993.
Jasieniuk, M., Brule-Babel, A. L., Morrison I. N.: *Weed Sci.*, **44**, 176-193, 1996.
Kachi, N., Hirose, T.: *Oecologia* (Berl.), **60**, 6-9, 1983.
Kataoka, M. Ibaraki, K., Tokunaga, H.: *Weed Res., Japan*, **31**, 36-40, 1986.
片岡孝義・金　昭年:雑草研究, **23**, 9-12, 1978.
Kawano, S.: *J. Coll. Lib. Arts, Toyama Univ.*, 8, 1-36, 1975.
河野昭一:植物の生活史と進化1——雑草の個体群統計学, pp. 1-36, 培風館, 1984.
Kivilaan, A., Bandurski, R. S.: *Amer. J. Bot.*, **68**, 1290-1292, 1981.
Kobayashi, H. Tominaga, T., Ueki, K.: *Pl. Sp. Biol.*, **1**, 117-125, 1986.
草薙得一・近内誠登・芝山秀次郎編:雑草管理ハンドブック, pp. 30-35, 朝倉書店, 1994.
Löve, D., Dansereau, P.: *Can. J. Bot.*, **37**, 173-208, 1959.
MacArthur, R. H., Wilson, E. O.: The Theory of Island Biogeography, Princeton University Press, 1967.
前川文夫:植物分類地理, **13**, 274-279, 1943.

松村正幸：岐阜大農報, **25**, 129-208, 1967.
Miura, R., Kobayashi, H., Kusanagi, T.: *Weed Res. Japan*, **40**, 179-186, 1995.
宮原益次：農試研報, **16**, 1-62, 1972.
Muenscher, W. C.: Weeds, pp. 3-35, Cornell University Press, 1955.
中西弘樹：種子はひろがる, pp. 134-135, 平凡社, 1994.
Nishida, T. *et al.*: *J. Weed Sci. Tech.*, **44**, 59-66, 1999.
沼田　眞・吉沢長人：新版日本原色雑草図鑑, pp. 12, 全国農村教育協会, 1975.
Pianka, E. R.: *Amer. Natur.*, **104**, 592-597, 1970.
阪本寧男：雑草研究, **23**, 101-108, 1978.
坂本真一：宮崎総農試研報, **24**, 1-63, 1989.
佐野成範ほか：雑草研究, **43**（別）, 78-79, 1998.
Sibony, M., Rubin, B.: *Weed Res.*, **43**, 40-47, 2003.
高林　実：農研センター研報, **2**, 75-123, 1984.
寺島一郎ほか：植物生態学, 朝倉書店, 2004.
冨永　達：芝草研究, **32**（別）, 45-51, 2003.
冨永　達：雑草の変異, 新編農学大事典（山崎耕宇・久保祐雄・西尾敏彦・石原　邦監修）, pp. 400-402, 養賢堂, 2004.
冨永　達：雑草の生活史, 環境保全型農業事典（石井龍一ほか編）, pp. 440-446, 丸善, 2005.
Tominaga, T., Nakagaki, A.: *Weed Res., Japan*, **42**, 18-24, 1997.
Yamasue, Y. *et al.*: *Japan. J. Breed.*, **39**, 159-168, 1989.
Yamasue, Y.: *Weed Biol. Manag.*, **1**, 28-36, 2001.
Yoshioka, T., Satoh, S., Yamasue, Y.: *Plant, Cell Environ.*, **21**, 1301-1306, 1998.
吉岡俊人・佐野成範・佐藤　茂：植調, **32**, 11-17, 1998.
渡辺　泰：北海道農試研報, **123**, 17-77, 1978.

4章　作物と雑草の相互作用系

4.1　侵入者としての雑草

　人工生態系に大別される生態系のうちで，水田や畑地など農耕地の生態系を，特に耕地生態系（field ecosystem）とよぶ．耕地生態系は人間が目的植物つまり作物を栽培・育成して収穫物を得るための場であり，混作（mixed cropping）や間作（intercrop）を除けば，一般に単一作物種が純群落（pure stand，単植群落）を形成するように管理されている．そしてこの耕地生態系にあって，単一作物種の純群落の成立を妨げ，作物との混合群落（mixed stand）を形成しようとするすべての植物を耕地雑草（arable weeds）という．

　耕地雑草はよく侵入者にたとえられる．聖書に「人々の眠れる間に，仇きたりて麦のなかに毒麦を播きて去りぬ．苗はえ出でて実りたるとき，毒麦もあらわる」（『マタイ伝』13章25-26）とあり，雑草（毒麦）が仇（悪人・悪魔）によって故意に麦畑に播かれる様子が語られている．この聖書のことばはひとつのたとえ話ではあるが，少なくともこの時代の人々にとって，雑草は畑地の外から侵入して定着するものだという考え方が一般的であったと思われる．耕地雑草は作物の間隙をぬって発生し，たちまちにして作物を凌駕する．この様相はまさに侵入者のそれである．確かに単一作物種の純群落を指向する耕地生態系にあっては，いかなる雑草も侵入者といえるかもしれない．しかし，耕地雑草は本当の意味において耕地生態系の「侵入者」なのだろうか．

　根本（1998）は，人工草地生態系にけるギャップ（gap，草地の地表面を覆っていた葉層がなんらかの原因で欠如したためできた空間）に注目し，「管理が不適切なために一定サイズ以上のギャップが生じると，当該草地の外から侵入してくる種子や，埋土種子などの発芽が容易となり，多くの雑草が発生す

る．このようにして発生した雑草が，その生活史をまっとうするまで生存できるギャップがあれば，発生した雑草は群落の構成メンバーとなる」と述べ，ギャップに侵入して発生・定着するこれらの雑草を侵入雑草（invading weeds）とよんだ．

一方，耕地生態系についてみると，作物の生育がまだ進んでいない時点では作物の葉層は圃場のほんの一部しか覆っていないので，圃場には先述の人工草地生態系でみられるよりはるかに大きなギャップが生じており，このことから雑草の侵入は容易であると考えることもできる．しかしながら耕地生態系では，大部分の雑草は，作物が播種あるいは移植される以前から，圃場の土壌中に埋土種子や塊茎などのかたちですでに存在しており，これらが作物の播種や移植時の耕起や代掻きを契機にして発芽を開始するのが普通である．これに対し，作物の出芽や移植の後に，耕地雑草の種子や塊茎などが圃場外部から直接，ギャップ（畦間や畦内）に侵入し，発生・定着することはむしろまれといえる．このように耕地生態系においては，雑草が先住者であって作物は移入者であると考えることもでき，その意味ではむしろ，「侵入者」は作物といったほうがよいのかもしれない．

4.2 作物と雑草の競争

雑草が農作物に著しい害を与えることは，古く農耕文明のはじまりのときから知られていた．古代ローマの最大の詩人ヴェルギリウス（BC 70～BC 19）は，ローマ文学の代表作とされる『農耕詩』の中で，穀神の教えにより人類が鉄の犂先の犂を用いた土地の耕作がはじまると同時に，作物にとって雑草がいかに大きな災禍であるかを謳い，しかも具体的に5種の雑草名—アザミ（thistle），イガ（burs），ハマビシ（caltrops），ドクムギ（darnel）および実を結ばぬエンバク（barren oats）—をあげている（加用，1970）．さらに，聖書のことばに「茨の地に落ちし種あり．茨そだちて之を塞ぐ」"また他の種子はいばらの中に落ちた．いばらの茂みが伸びてきて，それらを枯らした．"（『マタイ伝』13章7）とあるように，2000年もの昔の農民が，この作物に対する雑草の害作用つまり雑草害を，作物と雑草の競争（competition，競合）現象ととらえていたことは，まさに驚くべきことである．

岩城（1979）は著名な植物生態学者である Clements のことばを引用して，競争現象を次のように解説している．すなわち，「競争は純粋に物理的な過程である．……少数の例外を除き，競争しあう植物間に実際の闘争が起こることはない．競争は，一方の植物が周囲の物理的要因に及ぼす反作用と，変化した要因が競争相手に及ぼす作用とを通じて起こる」(Clements *et al*., 1929) と述べ，競争を植物と環境とのあいだの作用-反作用系としてとらえる立場を明確にしたが，これは競争の結果よりも，結果にいたる過程を重要視する立場である．つまり植物が集団として存在するとき，個々の植物の形態的差異や生理機能の差異は環境の作用に対する植物間の反応差をもたらし，その差はまた環境に対する反作用の強さの植物間差をもたらすことになる．このような作用-反作用が植物の生育期間中繰り返され，時間とともに累積されていくと，結果として植物間の極端な生育差，あるいは一部植物の枯死が生ずることになる，というのである．

作物と雑草の種間競争（interspecific competition）の対象となる要因としては，光，水分および養分が最も一般的である．このほか CO_2 や O_2 に関する競争も起こりうるとされているが，耕地においてはほとんど問題とならない．現実の耕地生態系では，これらの要因は相互に関連しあって作物と雑草の競争にはたらいているが，競争過程とそのメカニズムの理解を容易にするために，以下では光競争，水分競争および養分競争について個別に概説する．

a. 光競争

光は作物と雑草の主要な競争要因の中で，最も強くはたらく要因とされている．その理由は，耕地において，養分や水分をめぐる競争は施肥や灌水によって人工的に回避できるのに対し，光についてはそれができないからである．光競争の過程の解析は，先述の岩城（1979）の解説に従えば，植物の基本的生理機能としての光合成に対する光の影響（作用）と，群落内の光条件に対する植物の影響（反作用）の相互関連の解明を通じて行うことができる．

作物・雑草混合群落における光競争の優劣は，作物種と雑草種それぞれの葉面積指数，草高および葉の受光態勢によって決定する．なかでも重要な要因は草高，つまり高さの成長の種間差である．草高と競争能力とのあいだに高い相関があることは多くの作物によっても示されている．ただし，競争における有

利性と乾物生産能力が高いこととは必ずしも一致せず，たとえばイネでは草高の高い品種は低い品種より競争力は強いが，収量性は倒伏や収穫指数（harvest index）との関係で，一般に低い．

作物と雑草の関係ではないが，高さの成長が植物の種間競争に果たしている重要性は，次の岩城の実験（Iwaki, 1959）からも明らかである．岩城はソバとヤエナリの単植群落と混合群落を設け，乾物成長と群落の生産構造の経時変化を追跡した．その結果，単植群落における播種後52日の平均個体重と個葉の最大光合成能力は，ともに両種でほとんど差はなかった．ところが，植物体全重に占める葉重の比率には大きな差がみられ，ヤエナリでは生育期間を通じて50～60%であったのに対し，ソバでは生育初期の60%から徐々に減少し，播種後52日には20%まで低下した．このためソバでは茎に対する乾物分配率が相対的に増加し，播種後52日の草高はヤエナリの2.4倍にもなった．一方，混合群落ではソバが圧倒的に優性となってヤエナリは成長が抑制され，ヤエナリの平均個体重はソバの1/5にすぎなかった．こうした現象の原因は，混合群落における葉層の垂直分布の種間差異にあり，ソバは上層，ヤエナリは下層という生産構造が生育のごく初期からみられたためである（図4.1）．このためにヤエナリの葉層は入射光の16～35%しか受光できず，乾物生産性が著しく低下した．これらのことは，高さの成長の差が，光をめぐる種間競争において優劣を決める最も重要な要因であることを示している．

一方，これまで述べてきたような，同時に生育を開始した2種の植物における光競争とは別に，生育期間の差を通じて生ずる光競争についても考慮しておく必要がある．たとえば初期生育の旺盛な植物は光競争において一般に大きな

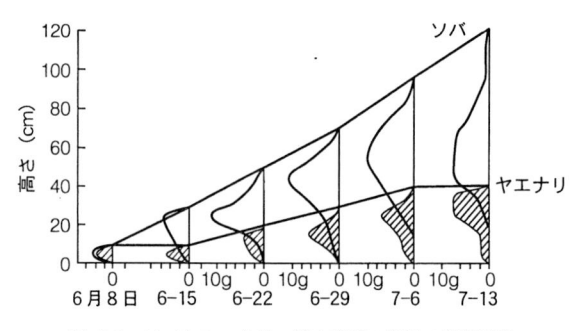

図 4.1 ソバとヤエナリの混合群落の葉層の発達過程
(Iwaki, 1959)

優位性を示し，混合群落では絶対的に優位な態勢を早期に確保することができるが，これと同じことは競争している種のあいだで出芽期が異なる場合にもあてはまり，作物-雑草系でいえば作物種と雑草種の出芽期の相対的な差異，すなわち相対出芽日数差（differences in the period between crop and weed emergence）が，雑草害の程度に大きく影響することはよく知られている．

ところで作物と雑草の競争において，雑草が作物に及ぼす影響を「雑草害」，逆に作物が雑草に及ぼす影響を「雑草抑圧力」という．野口（1983）は，作物の雑草抑圧力の主体は作物と雑草の光競争にあると考え，作物そのものがもつ雑草抑圧力を最大限活用した合理的な雑草制御技術を策定した．すなわち，作物のもっている雑草抑圧力には，生育中期以降の畦内および畦間の遮光力の関与が考えられたので，まず主要な雑草種に遮光条件を与え，生育に及ぼす影響を調べた．その結果，遮光処理に対する反応には種間差がみられたが，各雑草種とも相対照度10～20%以下の条件ではその生育が著しく抑制された．一方，

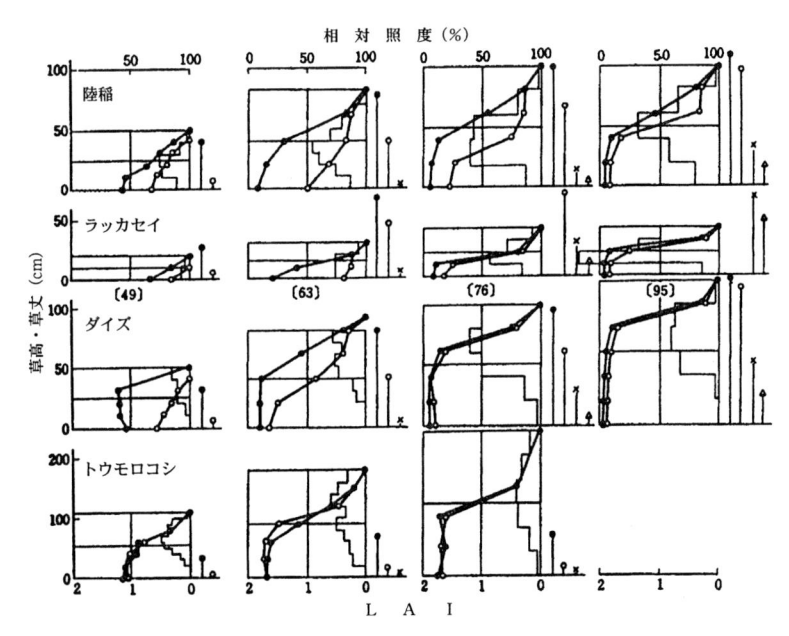

図 4.2 作物の生育にともなう群落のLAI，相対照度の分布およびメヒシバ草高の変化（野口，1983）

○-○：畦間の相対照度，●-●：畦内の相対照度．
棒グラフの●，○，×，△はそれぞれ播種後 0, 30, 47, 58 日間除草した区におけるメヒシバ草高．[ ] 内の数値は作物の播種後日数（調査日）．

生育中期以降の作物群落内の光環境は，作物別に播種後一定の期間を経過すると，畦内，畦間とも雑草の生育が抑制される環境である相対照度10～20%以下に低下することがわかった．そして，これらの結果と作物群落内の相対照度の立体的分布，光競争期間における雑草の生育との関係から，雑草害を回避できる播種後からの除草必要期間を設定し，さらにその妥当性を実際栽培現場において検証した（図4.2）．なお，この研究においては，門司・佐伯（Monsi & Saeki, 1953）によって開発された層別刈り取り法が重要な実験法として用いられている．

b.　水分競争

水分は作物の成長にとって最も重要な資源の1つである．ただし光とは異なり，水分の供給は灌水というかたちで人為的に管理でき，このことから多くの農耕地では灌漑施設が取り入れられている．その端的な例である水稲では，世界の全栽培面積の63%が灌漑栽培である．これに対して水分を安定性に欠ける降雨に依存している環境下では，植物の生育は水分供給量の季節消長，土壌の保水力，植物における根の構造や水利用効率などの要因に左右され，また水分競争の大きさは，干ばつ期間の長さ，程度および時期によって大きく変動する．植物は蒸散によって根から吸収した水分の90%以上を消費するといわれ，蒸散に必要な水分量が不足すると気孔が閉じ，光合成の低下を通じて生育が減少する．

作物と雑草が水分をめぐって競争する場合，2つの過程が考えられる．第一の過程は直接的な水分競争過程で，水分条件が植物の成長に制限を及ぼすような乾燥期間における瞬時的な資源獲得競争の過程である．この場合，土壌水分をより多く吸収する根の態勢，すなわちより深い根系や，より高い密度の根群をもつ種のほうが水分競争に有利にはたらく．第二の過程は間接的効果とでもいうべきもので，作物・雑草混合群落の生育の初期にしばしばみられるような，土壌水分含量が植物の成長にとって十分である時期，すなわち作物種と雑草種がともに蒸散に必要な水分を確保できる時期の過程である．この時期の植物の水分要求量は受光量の多少，温度，蒸気圧および種の特性によって決定される．しかし降雨のような，蒸発散と流亡による水分の消失を抑え，土壌水分含量を増加させるなんらかの過程が生じないかぎり，有効土壌水分量は作物種

と雑草種の生育にともなって確実に減少を続ける．このため，水分が成長を制限しない時期における植物の蒸散は，その後の植物体の生育状態に影響してくる．特に混合群落における作物種と雑草種の生活環が異なる場合には，早く成熟する種はそれ自身水ストレスを受けないが，遅く成熟する種は生育初期にトータルとしての水分の消失が増えるため，より大きな水ストレスの影響を受ける．

Kropffら (1984) のトウモロコシとイヌビエの実験は，上述のようなケースのよい例である．この実験が行われた圃場では，トウモロコシの稈の伸長期全般にわたって厳しい乾燥が続いた．トウモロコシ・イヌビエ混合群落において，イヌビエは早期にその生活環をまっとうしたため干ばつの影響はほとんど受けなかったが，トウモロコシではイヌビエとの水分競争の結果である水分ストレスの影響が明確に現れ，生育が著しく劣った．つまりこの現象は，葉面積成長が遅く葉層が畦間を覆う時期が短かったトウモロコシ単植群落の蒸散量に比べ，トウモロコシ・イヌビエ混合群落の蒸散量がはるかに多かったことによっている．

水利用効率の種間差異は乾物成長過程を介して競争関係に影響し，干ばつ条件では水利用効率の高い種は水分競争において優位性を示す．C4植物の単位乾物生産量あたりの水分要求量がC3植物より少ないことはよく知られた事実であり，1gの乾物を生産するのに必要とする水分量は，C4植物では250〜300gであるのに対してC3植物では350〜900gとされている．一般に作物と雑草の水分競争において雑草が優位に立つケースが多いのは，主要作物種ではトウモロコシを除きC3植物が大部分であるのに対し，主要強害雑草種にはC4植物が多いことも一因であると考えられる．

水分競争が生ずるような条件では，光競争も同時に生じているのが普通である．また，仮に水分競争のみが単独で生じている場合であったとしても，根による水分の吸収の多少は，蒸散→光合成→乾物成長という過程で光の吸収と切り離して考えることはできない．このように光と水分の両方をめぐって競争している作物・雑草混合群落に関する生態生理学的モデルの基本構造を図4.3に示す．

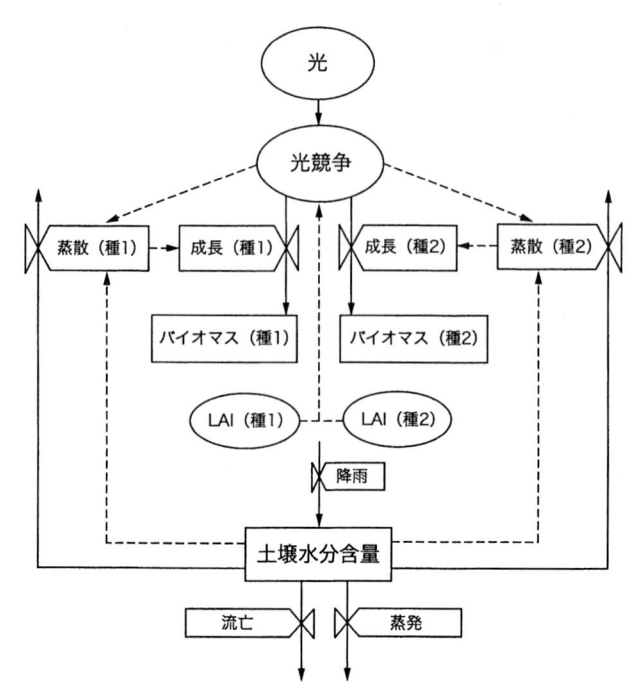

図 4.3 種1および種2における光と水分をめぐる競争の生態生理的モデル
(Kropff & van Laar, 1993)

c. 養分競争

　無機養分が土壌中を移動し植物の根に吸収されるのは，①水の mass flow，②拡散，および③根が伸長することにより養分に遭遇する，によるが，伊藤(1993) は，「窒素は最も mass flow の流れにのって動きやすい要素であり，したがって最も競争が生じやすい要素でもある．これに対してカリウムなどのカチオンは通常負に荷電されている土壌と強く結合しており，またリン酸はカルシウム，鉄その他のカチオンと難溶性の塩を形成しているため，土壌中での移動性は小さい．これらの移動性の小さい要素はおもに拡散で動くため，その競争は生育後期になって根が相当に込み合ってくるまで問題にならない」とした．

　一方，岩田・髙柳 (1974) はメヒシバと陸稲について，播種期を4月から8月にわたり6回とし，それぞれの単植群落および両種の混合群落 (交互植) を設け，乾物成長と養分吸収の推移を中心に比較検討した．その結果，①メヒシ

バの窒素含有率は各播種期を通じ生育初期は陸稲より高い傾向にあるが，後期は陸稲より低く，その吸収競争の優劣はただちに乾物生産に関係する．②カリの含有率は播種，発生期に関係なく陸稲よりメヒシバが常に高く，その吸収は生育後期まで続くため，カリ吸収における陸稲との競争期間も窒素より長く，陸稲は競争の影響を窒素より強く受ける．③メヒシバの養分吸収特性の中でリン酸の動きは特異的で，生育初期の含有率は播種，発生期に関係なく常に陸稲より高いが，生育中期以降は急激に低下し，窒素およびカリとは明らかに異なる推移を示すことから，陸稲とのリン酸吸収競争は，生育初期（播種後30～40日まで）のリン酸吸収量の多少が問題になる，と結論している．このように本結果は，作物と雑草の養分（3要素）競争が，窒素のみならずカリやリン酸に関しても生育初期から生ずる可能性のあることを示唆しており，先の伊藤（1993）の見解とやや異なっている．

上述の岩田・髙柳（1974）の実験についての理解をより深めるため，メヒシバと陸稲の窒素吸収量に現れる競争程度と乾物重に現れる競争程度との関係を，競争度［(混合群落の値−単植群落の値)/(単植群落の値)×100％］を用いて表してみよう．図4.4はメヒシバと陸稲を対比して示してあり，X軸は窒素吸収量の競争度，Y軸は乾物重の競争度を示している．図を競争度ゼロの

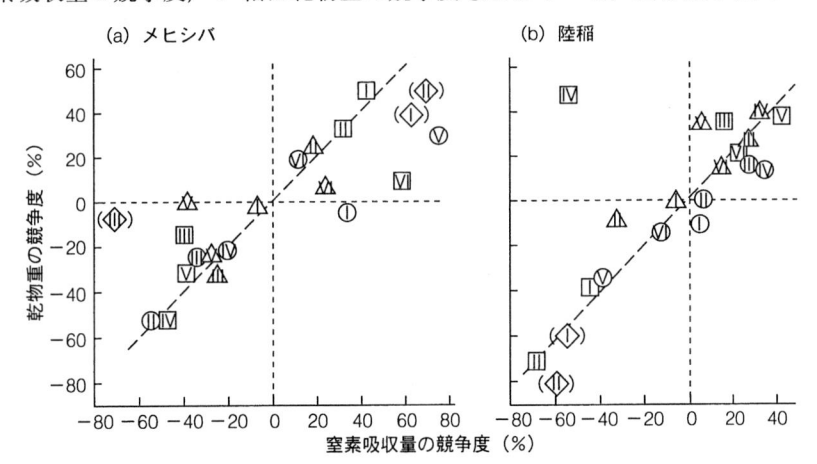

図 4.4 メヒシバおよび陸稲の乾物重の競争度に対する窒素吸収量の競争度（岩田・髙柳，1974）
区名（播種期）：I（4月5日），II（4月25日），III（6月4日），IV（6月24日），V（8月3日），VI（8月23日）
調査日：○：播種後30日，△：60日，□：90日，◇：120日
（ ）はRGR算出に適用した成長曲線からの推定値．

点を原点とする4つの象限に分けると，第1象限は乾物重，窒素吸収量とも混合群落が有利（競争度プラス）で，種内競争（intraspecific competition）が種間競争より大きいことを示し，逆に第3象限では乾物重，窒素吸収量とも混合群落が不利（競争度マイナス）で，種内競争が種間競争より小さいことを示す．また図の原点を通り，垂線と45°の角度で交わる線（Z軸）を引くと，Z軸からの隔たりが大きくなるほど乾物重の競争度と養分吸収量の競争度との差が大きくなることを示し，たとえば第1象限で競争度がZ軸の右側にある場合は，養分吸収量の競争度が乾物重の競争度よりプラスの方向に大きいことを表している．図から明らかなように，メヒシバと陸稲の競争度は播種期，生育時期を通じて，プラスとマイナスがほぼ相反して現れる．すなわちメヒシバは早播（Ⅰ，Ⅱ区）の生育後半，陸稲は普通播（Ⅲ，Ⅳ区）のほぼ全期間が混合群落で優性となるが，極晩播（Ⅴ，Ⅵ区）では判然としていない．競争度のZ軸からの隔たりについてみると，メヒシバ，陸稲とも第1象限においてはZ軸の右側に，また第3象限ではメヒシバで左側に集中する．これを陸稲について播種期別にみると，Ⅱ，Ⅲ，Ⅳ区では生育初期に，Ⅴ，Ⅵ区では中期，後期に競争度が第1象限のZ軸の右側に現れる．つまりこの時期は，乾物重に現れるメヒシバと陸稲の競争における陸稲の優位性よりも，窒素吸収競争における陸稲の優位性がより明瞭になる時期であることがわかる．

4.3　雑草害の早期予測・診断

草薙（1994）は，雑草害を合理的に除去するためには雑草の発生や成長を予測し，雑草害の発生を早期に予測診断してそれに対応できる雑草防除技術を確立することが必要であると述べ，またKropff（1988）は，雑草の制御に関する意思決定支援のためには，作物の最終的な減収程度を，作物の生育の早い段階における作物と雑草の様相から予測・診断しうるモデルの開発が不可欠であるとしている．さらに髙柳（1996）は，雑草管理に関する意思決定に際しては，雑草の専門家ないし関連技術者の助言すなわち意思決定支援が不可欠であるとしたうえで，その意思決定の1つの重要な支援技術として，後述する雑草害早期診断法（プログラム）を開発した．

雑草害による作物の減収の主因は，先に述べたように生育における限定要因

である光と養水分をめぐっての作物と雑草の競争にある．しかし競争要因は相互に複雑に絡みあっているため，競争現象の定量的解析はきわめて難しいとされてきた．千坂（1966）は，競争現象の理論的解析の困難さから，雑草防除の技術面ではこれを経験的にとらえようとするため事例的になるのはある程度やむをえないが，まったく再現性がないのでは有用とはいえないので，競争の内容，すなわち競争のメカニズムについて解明する必要があるとした．

千坂（1966）も述べているように，作物と雑草の競争現象の解析手法あるいは雑草害の予測・診断手法としては，「経験的」手法と「メカニズム解明」手法の2つの大きな方向がある．以下では，前者を静的回帰モデル，後者を動的メカニズムモデルとよぶこととする．

● a. 静的回帰モデル

静的回帰モデルは従来型のモデルであり，1980年代前半ごろまでに報告されている雑草害予測・診断モデルの大部分はこのタイプにあたる．この種のモデルのほとんどは，複雑な競争のメカニズムの解明はひとまずブラックボックスとし，作物収量に及ぼす雑草の影響を，作物の減収程度と雑草の量（発生密度や乾物重）との回帰関係から経験的かつ直接的に導こうとするものである．この場合，雑草の量的指標としては重量（通常，単位面積あたりの雑草乾物重）よりも発生密度（通常，単位面積あたりの雑草本数）が一般的に用いられる．これは発生密度のほうが重量に比べ作物の生育初期に簡便に測定でき，また生育期間中の変化も小さく，さらに競争試験の設計が容易であるため，雑草害予測・診断モデルの策定に適しているからである．

Auldら（1987）は，作物減収率と雑草発生密度との関係を表現する既往の静的回帰モデルを整理して，雑草発生密度の増加にともなう作物減収率の増加パターンを，(1) 雑草発生密度の低い段階では作物減収率は雑草発生密度の増加にともないほぼ直線的に増加するが，雑草発生密度が高まるにつれて減収率の増加程度が頭打ちとなる曲線型［以下，(1)型］，(2) 雑草発生密度に正比例して減収率が増加する直線型［(2)型］，および (3) 雑草発生密度の増加につれて指数関数的あるいはS字曲線的に減収率が増加する型［(3)型］の3つのタイプに分類し，このうちでは(1)型が一番普通のタイプで，なかでも双曲線式で表したものが最も一般的であると述べている（図4.5）．

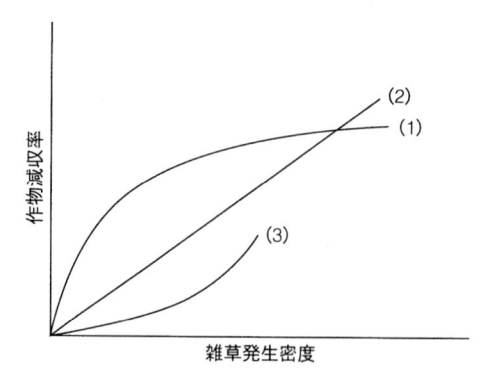

図 4.5 作物減収率-雑草発生密度関係を表現する静的回帰モデルの代表的な3つの型（Auld *et al.*, 1987）

　作物減収率-雑草発生密度の双曲線関係は，単植群落における作物の［収量-密度］のあいだにみられる双曲線関係を基礎として理論的に導かれている．たとえば小川（1980）は，吉良ら（Kira *et al.*, 1953）が経験的に見いだし，後に篠塚・吉良（Shinozuka & Kira, 1956）によって理論的に導かれた双曲線関係である収量-密度効果［C-D効果（competitive-density effect）］の逆数式を拡張して，2種の植物混合群落の密度効果をモデル化した．一方，de Wit（1960）は，作物種と雑草種の関係をはじめとする種間競争における収量-密度関係を，理論的に裏づけされた双曲線モデルで表現した．このde Witのモデルは，その後さまざまな研究者によって引き継がれ，多数の拡張モデルが報告されている．

　これまで報告されている静的回帰モデルは，単純でありながらも，作物収量-雑草密度関係を巧みに表現するものであり，特に双曲線モデルは経験的にも理論的にも現実の作物減収率-雑草発生密度関係をよく説明するモデルである．そして，これらのモデルのパラメータ値は実験的に容易に求められるということも利点である．しかしながら，一般に経験的モデルにはデータが得られた範囲を超えて適用することができないという制限がある．たとえば作物の品種と栽植密度を同一とし，雑草種を1種に限定して作物減収率-雑草発生密度関係の回帰式を求めても，関係式のパラメータ値はさまざまな変動要因のために試験によって大きく異なる場合が多い．これらの変動要因としては，気象条件，作物の播種期，施肥や土壌条件などの耕種的要因，そして作物と雑草の出芽期の相対的な差異すなわち相対出芽日数差などがあげられる．特に最後にあ

げた相対出芽日数差が作物減収率-雑草発生密度関係に最も変動を及ぼす要因の1つであることは，後述する高柳（1996）の雑草害早期診断法（プログラム）でもあらためてふれる．この要因の重要性から，作物減収率-雑草発生密度関係の双曲線モデルに，雑草発生密度だけでなく新たに相対出芽日数差を変数として付け加えたモデルが，Kropffら（1984）をはじめさまざまな研究者によって提起されている．

一方，上で述べてきたような作物減収率-雑草発生密度関係の回帰モデルとは異なり，作物減収率を雑草重群落比（作物・雑草混合群落の全重量に占める雑草重量の割合）あるいはその逆の作物重群落比（作物・雑草混合群落の全重量に占める作物重量の割合）を用いて予測しようとする研究がある．この雑草重群落比または作物重群落比という指標はわが国独自の指標であり，海外で用いられた例は見当たらないようである．作物重群落比を雑草害の指標として初めて用いたのは荒井・川嶋（1956）である．彼らは雑草害による水稲の減収率と収穫期における水田一年生雑草との量的関係を調べ，単位面積あたりの雑草個体数，雑草乾物重および作物（水稲）重群落比はいずれも減収率と有意な相関を示したが，なかでも作物重群落比と水稲減収率との相関が顕著に高いことを見いだした．さらにこの作物重群落比は，8月初め以降，収穫期までほぼ一定の値を保ったとしている．

同様に岩田・高柳（1980）は，陸稲，ダイズ，ラッカセイ，トウモロコシに対するメヒシバを主体とする一年生畑雑草の雑草害を解析し，各作物の減収率は収穫期における作物重群落比との相関が最も高いが，播種後約50日目の作物重群落比を用いてもそれぞれの作物の減収率をおおよそ予測することが可能であるとした（図4.6）．

また松尾ら（1987）は，雑草（ヒメイヌビエ）によるダイズ減収率の早期予測法の研究において，ダイズ開花期の雑草重群落比（X）とダイズ精子実重の対無雑草区比（Y）とのあいだに高い相関のあることを認め，この関係を負の指数回帰式で表した．すなわち

$$Y = \exp(a - bX)$$

ここで a, b はパラメータである．そして a と b の値は年次やダイズ品種を違えた場合でもほとんど異ならなかったとしている．

以上，概観してきた雑草（作物）重群落比に関するこれらの知見は，作物の

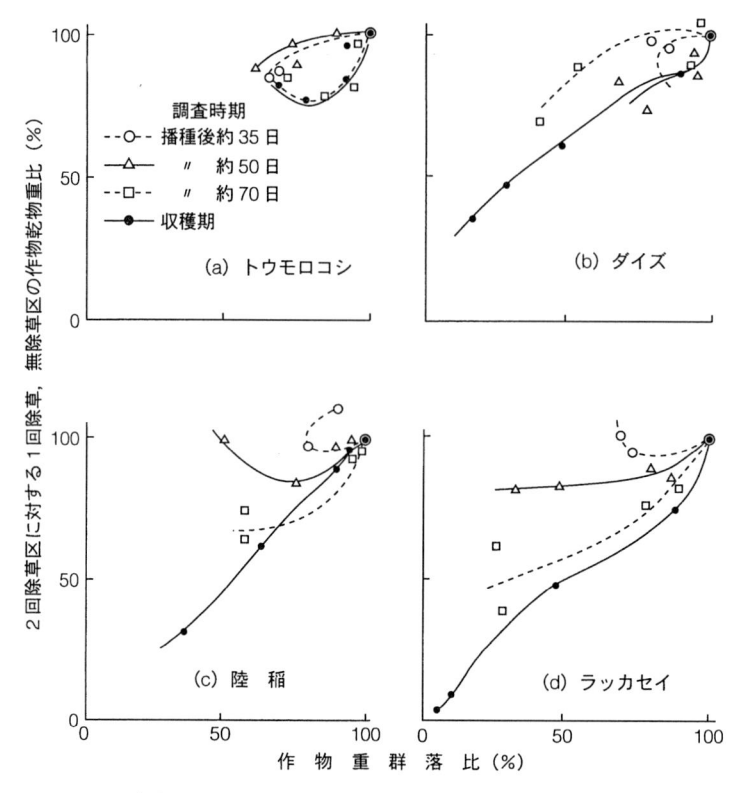

図 4.6 各時期の作物重群落比と雑草害程度との関係（岩田・髙栁, 1980）
各調査時期のプロットはそれぞれ疎・密植の 1 回除草, 無除草区の測定値を示す.
2 回除草区の作物重群落比は各作物とも 98% 前後であったので 1 点 ● にまとめた.

収穫期よりかなり以前の時点の雑草（作物）重群落比にもとづいて作物減収率を予測できること，すなわち雑草害の早期予測・診断にこの指標が適用できる可能性を示唆するものである．

● b. 動的メカニズムモデル

作物に対する雑草害の予測・診断や作物と雑草の競争関係を量的に評価するモデルとして，先述の静的回帰モデルとはまったく異なるタイプのモデルが，近年，相次いで報告されている．すなわちシステムダイナミクスなどの手法にもとづく動的なメカニズムモデルである．システムダイナミクスとは，生態系のような複雑なシステムを分解可能ないくつかの要素に分け，各要素間の関係を微分あるいは差分方程式で動的に表したうえで再結合し，システム全体とし

てどのような動きをするかをコンピュータによるシミュレーション実験を通じて知ろうとする手法である．

　髙柳ら（1974）のモデルは，世界で最初に開発された作物種と雑草種の競争の様相をシミュレートする動的メカニズムモデルである．このモデルは，耕地における陸稲とメヒシバの競争を想定しているが，そのモデル構造は2種の植物の混合群落における種間競争に対して一般的に適用できるものである．モデルは Forrester（1961）がインダストリアルダイナミクス用に開発した言語である DYNAMO を使用している．この光競争モデルは，2種混合群落における作物種（C種）と雑草種（W種）の葉群の垂直分布と受光量をそれぞれ計算し，両種の乾物重の時間変化をシミュレートするもので，すなわち光競争条件下で相互に干渉しあう C 種と W 種の成長モデルの性格をもっている．モデルの基本構造を図 4.7 に示す．なお，このモデルの詳細は後述する雑草害早期診断法（プログラム）の項であらためて述べる．

　一方，オランダのワーゲニンゲン大学の Kropff を中心とするグループは，同大学の de Wit ら（1970）が開発した作物成長シミュレーションモデルに基礎を置く，作物・雑草混合群落の種間競争と成長とをシミュレートする動的メカニズムモデルの開発に，1970 年代末から今日にいたるまで精力的に携わっている．そして同グループが開発した一連のモデルに関する1つの集大成として，Kropff と van Laar の編集からなる "Modelling Crop-Weed Interactions" が，1993 年に出版された．本書に紹介されている種間競争の汎用シミュレーションモデルである INTERCOM（INTERplant COMpetition）は，光，水分および窒素をめぐって競争している2種の植物における成長および発育過程を，それぞれの種の出芽期から成熟期にわたってシミュレートする動的メカニズムモデルである．したがって INTERCOM において，作物種と雑草種をそれぞれ特定してモデル構成要素のパラメータ値を設定すれば，特定雑草種の特定作物種に対する雑草害の早期予測・診断を行う強力なツールとなる．

　髙柳ら（1974）のモデルと INTERCOM の基本構造はよく似かよっており，両モデルの策定手順は次のようにほとんど同一である．すなわち，はじめに作物種および雑草種それぞれの生態生理的特性の解析にもとづく成長のメカニズムモデルを策定し，これを両種の混合群落の成長モデルへと発展させる．この場合，作物種と雑草種の競争現象は，成長の限定要因である光や養水分の奪い

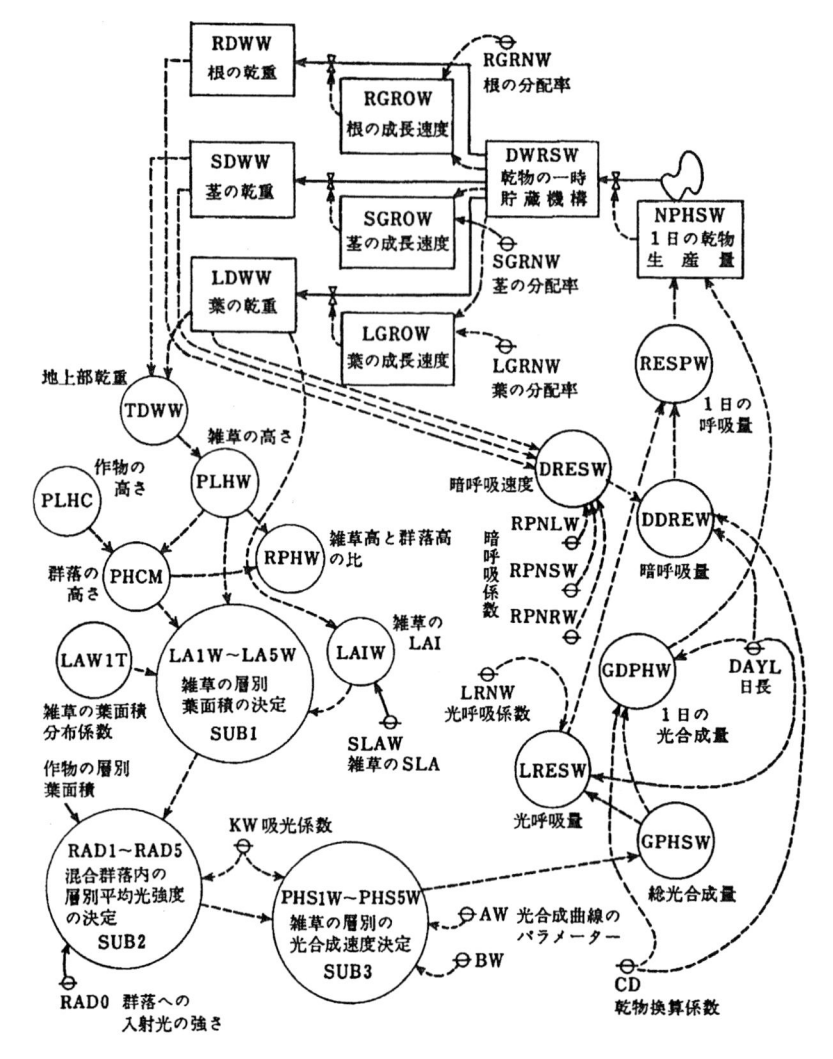

図 4.7 2種混合群落の光競争モデルの基本構造（髙栁ほか，1974）
ここには雑草部分のみを示した．作物部分もこれと同じ構造をもつ．SUB 2 は両者に共通．

合いのメカニズムをモデル化し，この結果を混合群落における作物種と雑草種の乾物成長に反映することによって，動的かつ定量的に実現させるようになっている．したがって，現実の競争試験の解析に動的メカニズムモデルを適用した場合，競争の結果のみならず競争の過程やメカニズムに関する詳細な理解が可能となる．つまり混合群落における作物種と雑草種それぞれの生育量と植物

体や土壌中の養水分などの時間的変化がシミュレートされるので，任意の時点における作物種と雑草種の相互作用すなわち種間競争を定量的に評価できるからである．このように動的メカニズムモデルは，日射量を含めた気象条件，養水分条件，作物種と雑草種の栽植・発生密度や相対出芽日数差など，作物と雑草の相互作用を変動させるさまざまな要因をコンピュータ内に任意に発生させ，そのもとでの作物種と雑草種の2種混合群落の成長・発育過程をシミュレートし，これを通じて雑草害の早期予測・診断を定量的かつ動的に行えるという点が最大の特長である．

しかしながら，動的メカニズムモデルでは，作物種と雑草種の生態生理に関する非常に多くのパラメータを求める必要がある．パラメータの値は一般に文献情報や直接，実験的に求めるが，未知のものは推定値によらざるをえない．そして，個々の推定値の誤差はわずかであっても，それらが積算されて最終結果には大きな誤差として現れるケースも少なくない．KropffとSpitters (1991) は，動的メカニズムモデルのような複雑でパラメータが非常に多い競争（雑草害予測・診断）モデルは，作物と雑草の競争のメカニズムやその過程を解析，評価するためにはきわめて有効であるとする一方で，実際の雑草管理モデル（雑草害早期診断法）としては，単純でパラメータの少ない静的回帰モデルのほうが実用的には優れているとしている．

● c. 雑草害早期診断法（プログラム）

髙柳 (1996) は，静的回帰モデルと動的メカニズムモデルとを合体させた新しいタイプの雑草害早期診断法（プログラム）を開発した．本プログラムを以下では WEDPREM (WEed Damage PREdiction Model) とよぶことにする．現在の WEDPREM は，ダイズ（品種エンレイ）の播種期およびダイズ，メヒシバそれぞれの出芽期と出芽密度をもとに，ダイズに対するメヒシバの雑草害すなわちダイズの減収率を予測・診断するものである．しかし，ほかの作物種や雑草種を対象とした場合でも，それらの種に関する情報（モデルにおけるパラメータの値など）が得られていれば，モデルの基本構造を変えることなく適用が可能である．

WEDPREM は，①混合群落条件におけるダイズとメヒシバ，それぞれの成長・発育過程と光競争過程の生態生理的メカニズムをシステムダイナミクスの

手法で数学的にモデル化し，これにもとづいて両種の出芽期からダイズ開花期までの毎日の器官別乾物成長や葉面積成長，草丈（草高）などの推移をシミュレートする動的メカニズムモデルと，②上記によってシミュレートされたダイズ開花期の雑草重群落比にもとづいて，最終目的であるダイズ減収率を予測する，経験的な静的回帰モデルとからなっている．

モデルにおけるダイズとメヒシバ個体群の成長のメカニズムは基本的にはまったく同一で，葉群の光合成による物質生産，植物体各器官の呼吸によるその消費，各器官に対する物質の転流・分配という3つの過程を1日単位で繰り返して，拡大再生産つまり成長する．この過程は，門司・佐伯の群落光合成の理論（Monsi & Saeki, 1953）と門司の物質再生産の図式（Monsi, 1960）を基礎としたものである．すなわち，個体群の1日あたりの総光合成量は，個葉の光-光合成曲線のパラメータ，群落吸光係数，葉の光透過率，LAI，1日あたりの総日射量，日長時間から黒岩（Kuroiwa, 1966）の式で求め，また，各器官の1日あたりの呼吸量は，その日の各器官の乾物重に発育指数（DVI）の関数であるそれぞれの器官の呼吸速度を乗じて求める．1日あたりの総光合成生産量から総呼吸量を引き去った残りの物質は，それぞれの器官に対する乾物分配率（これもDVIの関数）に応じて分配され，各器官の乾物成長が実現する．

ダイズとメヒシバの混合群落においては，それぞれの種の個体群成長と両種が共存した場合の相互作用をモデル化した．ここで両種の相互作用のモデル化は光競争のみに限定した．光競争は，混合群落全体を垂直方向に10層に分け，層別葉面積の決定→層別光強度の決定→層別光合成速度の決定という3つの過程を通して実現するとした．この混合群落の生育および光競争の動的メカニズムモデルについて，1日のタイムスケールでダイズ開花期（DVI=1）まで計算を繰り返すと，両種について出芽期からダイズ開花期までの器官別乾物重などの推移をシミュレートすることができる．この光競争モデルの基本構造は，先の図4.7で示した高柳ら（1974）のモデルとまったく同じである．

WEDPREMの次のステップでは，ダイズ開花期からダイズ収穫期までの期間のメヒシバとダイズの乾物成長および光競争過程はブラックボックスとし，ダイズ減収率をダイズ開花期の雑草重群落比から直接的に求める静的回帰モデルを採用している．これは，前のステップの動的メカニズムモデルで植物成長の基本とした光合成→呼吸→乾物分配という単純な物質再生産の図式が，栄養

4.3 雑草害の早期予測・診断

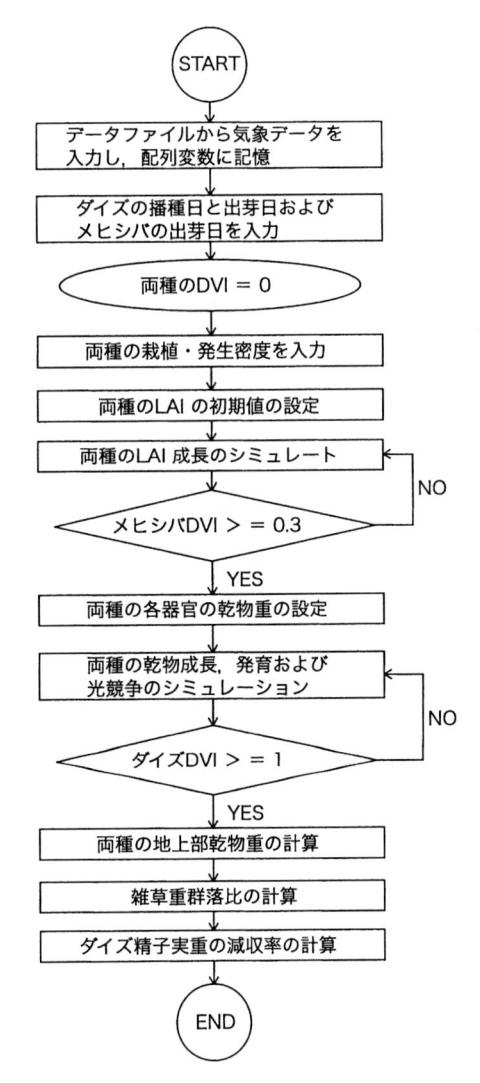

```
START
  ↓
データファイルから気象データを
入力し、配列変数に記憶
  ↓
ダイズの播種日と出芽日および
メヒシバの出芽日を入力
  ↓
両種のDVI = 0
  ↓
両種の栽植・発生密度を入力
  ↓
両種のLAIの初期値の設定
  ↓
両種のLAI成長のシミュレート ←―――┐
  ↓                              │
メヒシバDVI >= 0.3 ――NO――――――――┘
  ↓ YES
両種の各器官の乾物重の設定
  ↓
両種の乾物成長、発育および
光競争のシミュレーション ←―――――┐
  ↓                              │
ダイズDVI >= 1 ――NO――――――――――┘
  ↓ YES
両種の地上部乾物重の計算
  ↓
雑草重群落比の計算
  ↓
ダイズ精子実重の減収率の計算
  ↓
END
```

図 4.8 WEDPREM のフロー図（髙柳，1996）

成長過程ではうまく適用できるものの，複雑な要因からなる子実生産過程のシミュレートには必ずしも適さないからである．そこで本ステップでは，前のステップでシミュレートした両種の地上部乾物重を用いてダイズ開花期の雑草重群落比を計算し，この値をあらかじめモデルに与えてある［ダイズ精子実重の対無雑草区比］－［ダイズ開花期の雑草重群落比］関係を表す負の指数回帰式

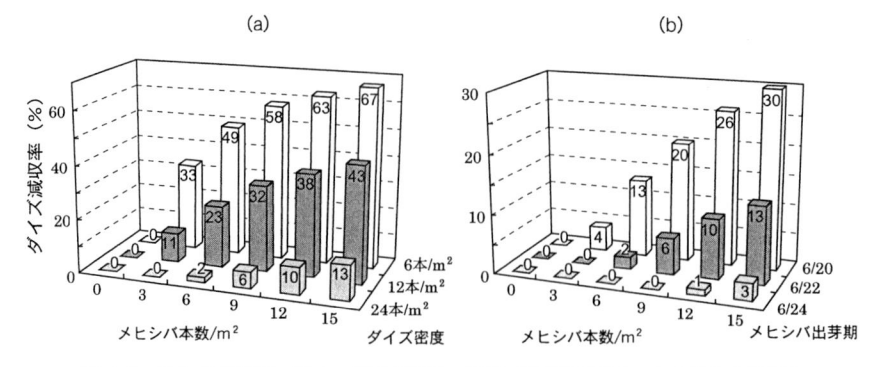

図 4.9 ダイズ減収率とメヒシバ発生密度との関係［WEDPREM による雑草害早期診断］（高柳，1996）
気象要素には茨城県つくば市の平年値を用いた．(a)，(b) ともダイズについては播種期 6 月 15 日，出芽期 6 月 22 日で統一．(a) はメヒシバ出芽期をダイズと同じ 6 月 22 日としてダイズ栽植密度を 6, 12, および 24 本/m^2 と変化させたケース．(b) はダイズ栽植密度を 24 本/m^2 としてメヒシバ出芽期を 6 月 20 日（相対出芽日数差：−2 日），6 月 22 日（同：±0 日），および 6 月 24 日（同：+2 日）と変化させたケース．

（式のパラメータの値は圃場試験の実測値から求めた）に代入する．そしてダイズ精子実重の対無雑草区比を求め，これにもとづいて最終目的であるダイズの減収率を算出する．

以上のモデルのフローを図 4.8 に示す．ここからわかるように，WEDPREM では気象データ，ダイズ播種期ならびにダイズ，メヒシバそれぞれの出芽期と密度をさまざまに変更して組み合わせた条件下におけるダイズに対するメヒシバ雑草害の早期診断が可能である．WEDPREM を用いた一連のシミュレーションの結果，ダイズに対するメヒシバの雑草害程度は，メヒシバ発生密度，ダイズ栽植密度，ダイズ播種期の違いによって当然大きく変動するが，これらの条件が同一であってもダイズとメヒシバの出芽期の相対的な差異（相対出芽日数差）のわずかな違いが雑草害程度に大きく影響することがわかった（図 4.9）．このことは雑草害早期予測・診断モデルをさらに進めるうえで，雑草の発生予測モデルの開発が不可欠であることを示すものである．

4.4 雑草の許容限界

元禄の農学者，宮崎安貞はその著書『農業全書』（1697）において，「上の農人は，草のいまだ目に見えざるに中うちし芸（くさぎ）り，中の農人はみえて

後芸る也．みえて後も芸らざるを下の農人とす．是土地の咎人なり」として，雑草防除にあたっての農民の心構えを説いたが，このことばは今では，安貞が『農業全書』を著したときに手本とした中国の農書を読み違えたものとされている（斎藤・田中，1976）．

しかし事情のいかんにかかわらず，安貞のことばは一人歩きし，その結果，わが国では自分の田畑に1本の草も生やさないことが精農の証であり，美徳とする風土が培われてきた．一方，こうした風土が最も過酷な労働といえる炎天下での除草作業を長い時代にわたって農民に強いてきたことも，また事実である．そのため第二次大戦後の 2,4-D を契機とした除草剤の相次ぐ開発・導入は，わが国の農業にとってまさに福音であり，雑草防除手段の中心が急速に除草剤の利用へと移行したことは至極当然のことであった．

ところが雑草防除の中心が除草剤となった今日においても，除草に関する農民の意識は安貞の時代をあまり超えていないように思われる．つまり，雑草が1本でも存在することは作物にとって必ず害があり，また「道徳的」にも許されないから，自分の田畑は常に清潔に保たねばならない，とする考え方である．そのため除草剤に過度に依存し，結果，非対象生物や水系などが汚染され，消費者の環境保全への関心や安全性指向の高まりの中で深刻な社会問題となっている．

それでは，本当に雑草のすべてが作物に影響を与えているのだろうか．実際に調べてみると，雑草はいかなる場合にも作物に害を及ぼしているわけではなく，その存在する量が一定量以下であれば実害は与えないことがわかる．この存在していてもさしつかえない雑草の最大の量を許容限界量という．

わが国で初めて雑草の許容限界という概念を提唱したのは川延・加藤（1959）である．彼らは5月13日に播種した陸稲において，6月7日に除草を実施する処理区群をE群，除草を実施しない処理区群をNE群とし，図4.10に示すように6月21日の陸稲乾物重とE群，NE群それぞれの6月7日における雑草乾物重（NE群は発生本数から換算した）との回帰直線を求め，これら直線と雑草の影響を受けなかったと考えられる陸稲重 0.2 g/個体の直線とが交わった点を作物に影響が現れはじめる雑草重とした．この図から，6月21日に初めて除草するとすれば，6月7日における許容限界量は $0.48\,\mathrm{g/m^2}$ であるが，6月7日に除草する場合はこの時期に存在していてもよい雑草量は1.24

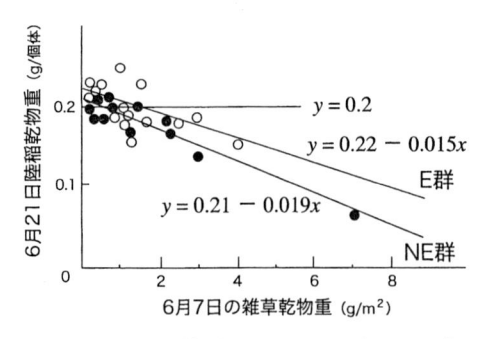

図 4.10　陸稲における狭義の雑草許容限界量（川延・加藤，1959）

g/m^2 まで許容され，これ以上存在するときはさらに除草の時期を早める必要があることがわかる．

上で述べた，「雑草が存在しても作物がその影響を受けず，無雑草圃場の作物と同レベルの収量を確保しうる場合の雑草量の最大値」を，ここでは「狭義の雑草許容限界」とよぶことにする．これに対し「広義の雑草許容限界」とは，economic threshold つまり「経済的許容限界」あるいは「経済的閾値」とよばれる概念である．これは，最小のコストとリスクで最大の利益を上げようとする経営原理を雑草管理に取り入れた考え方で，この場合には雑草防除によって得られる収益の増加分が防除にかかるコストを上回ることを必要条件とするので，当然，収益増加分と除草コストとが等しくなる点（雑草発生密度）が存在することになる．この点を経済的許容限界（閾値）とよぶ．

雑草の経済的許容限界の概念は図 4.11 から理解することができる．図 4.11(a) は除草処理コストが雑草発生密度（W）にかかわらず一定とみなしたケースで，この直線（CBE）と，雑草発生密度の関数（双曲線）である除草による増収益（OBD）との交点 B における雑草発生密度 W_1 が許容限界である．したがって，雑草発生密度が W_1 以上では除草処理が得策であるが，W_1 未満では得策でないことがわかる．図 4.11(b) は除草処理コストが雑草発生密度の増加にともなって指数関数的に高くなるとみなしたケースで，この曲線（CBDE）と除草による増収益（OBDF）との交点は B と D の 2 点となり，それに対応する雑草発生密度 W_1 と W_2 が許容限界（閾値）となる．そして，雑草密度が W_1 以上，W_2 未満では除草処理は得策であるが，W_1 未満および W_2 以上では得策でないといえる．

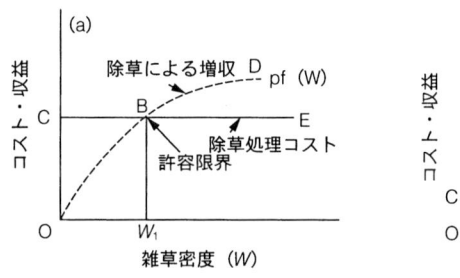

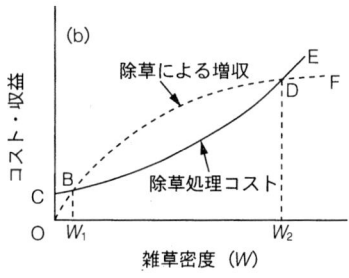

図 4.11 経済的許容限界の概念図（Auld *et al.*, 1987）
(a)は除草処理コストが雑草発生密度に関係なく一定のケース．(b)は除草処理コストが雑草発生密度にともなって上昇するケース．

　雑草防除に関する正しい意思決定は，将来予測される雑草害による目的生産物の減収程度とそのための防除に要するコストとのバランスの上に立ってなされるべきものであるから，どの程度の雑草管理を必要とするかは，「狭義の雑草許容限界」よりも，「広義の雑草許容限界」つまり「経済的許容限界」を指標としたほうが現実的である．ここでコストとは，通常，除草剤や機械・燃料，労働力などの直接的な経費を指すが，これからの雑草管理では，除草剤や機械などを使用することが環境に与える負荷もコストに含めて考えることが重要である．

　以上のように雑草の経済的許容限界が予測できれば，合理的でかつ広い意味で経済的，適正な雑草制御技術を組み立てることが可能となる．経済的許容限界として，水稲では5％，畑作物では10％程度減収させる雑草量とする考えもあるが，必ずしも科学的根拠にもとづいた数値ではない．したがって正確な許容限界を求めるには，まず第一に対象圃場における作物収量に及ぼす雑草害を，作物種と雑草種の生育のできるだけ早い時期に予測・診断する技術の開発が不可欠である．先述のWEDPREMは，こうした要請に沿って開発された手法の1つである．しかしながら「狭義の許容限界」はWEDPREMなどによってただちに求められるが，「経済的許容限界」を直接的に求めることはできない．それは，環境負荷をも考慮した除草処理コストと雑草発生密度との関係の定量化が，現在のところ確立していないからである．この問題解決のためには，雑草学のみならず一般生態学，作物学，経済・経営学，環境科学など幅広い分野の知識の結集が求められる．

［髙柳　繁］

文　献

荒井正雄・川嶋良一：日作紀, **25**, 115-119, 1956.
Auld, B. A., Kenz, K. M., Tisdell, C. A.: Weed Control Economics, Academic Press, 1987.
千坂英雄：雑草研究, **5**, 16-22, 1966.
Clements, F., Weaver, J. W., Hanson, H.: *Carnegie Inst. Washington*, Publ. No. 398, 1929.
de Wit, C. T.: *Versil. Landbouwk. Onderz.*, **66**, 1960.
de Wit, C. T., Brouwer, R., Penning de Vries, F. W. T.: Proc. of the IBP/PP, Technical Meeting. Trebon (1969), 47-60, PUDOC, 1970.
Forrester, J. W.: Industrial Dynamics, MIT Press, 1961.
伊藤操子：雑草学総論, pp. 153-157, 養賢堂, 1993.
Iwaki, H.: *Jap. J. Bot.*, **17**, 120-138, 1959.
岩城英夫：植物生態学講座3　群落の機能と生産（岩城英夫編）, pp. 205-240, 朝倉書店, 1979.
岩田岩保・髙栁　繁：九州農業試験場報告, **17**, 225-250, 1974.
岩田岩保・髙栁　繁：雑草研究, **25**, 200-206, 1980.
川延謹造・加藤泰正：日作紀, **28**, 68-72, 1959.
加用信文：東京教大農紀要, **16**, 1-32, 1970.
Kira, T., Ogawa, H., Shinozuka, N.: *Osaka City Univ*. **Ser. D4**, 1-16, 1953.
Kropff, M. J.: *Weed Res.*, **28**, 465-471, 1988.
Kropff, M. J., Spitters, C. J. T.: *Weed Res.*, **31**, 97-105, 1991.
Kropff, M. J., van Laar, H. H. eds.: Modelling Crop-Weed Interactions, CAB International, 1993.
Kropff, M. J. *et al.*: *Neth. J. Agric. Sci.*, **32**, 324-327, 1984.
Kuroiwa, S.: Ecology and Evolution, A Series of Modern Biology Vol. 11 (Isemura, T. *et al.* eds.), pp. 71-100, Iwanami Shoten, 1966.
草薙得一：雑草管理ハンドブック（草薙得一, 近内誠登, 芝山秀次郎編）, pp. 41-49, 朝倉書店, 1994.
松尾和之・野口勝可・奈良正雄：雑草研究, **32**（別）, 111-112, 1987.
Monsi, M.: *Bot. Mag. Tokyo*, **73**, 81-90, 1960.
Monsi, M., Saeki, T.: *Jap. J. Bot.*, **14**, 22-52, 1953.
根本正之：雑草研究, **43**, 175-180, 1998.
野口勝可：農業研究センター研究報告, **1**, 37-103, 1983.
小川房人：植物生態学講座5　個体群の構造と機能（小川房人編）, 朝倉書店, 1980.
斎藤　清・田中耕司：近世農書に学ぶ（飯沼二郎編）, pp. 103-118, 日本放送出版協会, 1976.
Shinozuka, K., Kira, T.: *Osaka City Univ*. **Ser. D7**, 1-14, 1956.
髙栁　繁：雑草研究, **41**, 281-285, 1996.
髙栁　繁ほか：日作紀, **43**, 538-549, 1974.

5章　雑草群落の動態と遷移

5.1　はじめに

　本章では，農耕地以外の空間における狭義の雑草と人里植物の動態について述べる．3章でふれているように，雑草の生活史の中で，花芽の形成から種子生産にいたる生殖成長期は，その種が何世代にもわたって維持され，周辺環境に適応した種へと進化していくうえで重要な役割を果たしている．一方，ひとつひとつの雑草個体が具体的に生活を営んでいくうえでは，栄養成長期にどのような仕方で個体の各器官を拡大して空間を占有していくかが問題となる．もっとも雑草類には，生殖成長期にフェーズが移行してもなお，栄養成長を続けている種が多い．この場合は栄養成長期が終了するまで，空間占有のためにエネルギーの一部をふりあてていることになる．そこでまず，雑草の空間占有のパターンである生育型にはどのようなものがあるのか解説する．
　ところで生産された雑草種子はさまざまな環境下に散布されるが，通例，雑草たちの新天地となるのは人間がつくりだした裸地内か，すでに前任者の作物や雑草により形成された群落の中である．したがって後者では，絶え間のない人間による攪乱と，同じような攪乱を受けながら生育する周辺のほかの個体との光，水，栄養塩をめぐる競争を強いられながら生活を続けることになる．
　攪乱の種類や程度，あるいは周辺個体の生育特性は実にさまざまなので，次に前任者のうち優占している種あるいは種群と，そこに形成されたギャップ，およびギャップ内に新たに侵入・定着した雑草の3者（優占種-ギャップ-侵入雑草システム）の関係に視点をおいて，雑草群落の空間構造に迫ってみたい．
　優占種-ギャップ-侵入雑草システムとしての雑草群落の構造は，一定の方向性をもって移り変わる．この雑草群落を構成している種組成の時間的変遷は，

植生遷移（plant succession）あるいは単に遷移とよばれている．本章ではこれまで数多く行われてきた遷移現象の研究史を概述し，遷移とは環境変化に応じた単なる植生の変化ではなく，環境形成作用-環境作用系によって進行する，生態系に特有な現象であることを理解してもらう．Clementsによって集大成された遷移学説も今日ではさらに発展し，遷移の進行過程にはいくつかの異なるタイプが認められるようになった．また遷移を進行させるさまざまなメカニズムについてもGrimeの3戦略説や，林一六の二次遷移に関する実証的研究から明らかになりつつある．そこで最近の遷移学説についても紹介する．ところで遷移系列上で優占する雑草の中には，他感作用を示すことで遷移の進行や抑制と深くかかわっているものもある．ここでは自然界における他感作用の実態と研究上の問題点についてふれた．

最後に，人間によるさまざまな干渉が雑草群落の動態とどのようなかかわりをもつことになるのか，筆者がこれまで扱ってきた草地や非農耕地の事例についてみていきたい．

5.2 雑草類の空間占有特性

a. 雑草の生育型戦術

植物の形態的特性にもとづく分類としてRaunkiaer（1934）の休眠型がよく知られているが，休眠型は当該種にとって不適切な期間をやりすごす芽の位置に着目した分類であり，それはミクロな環境の違いを反映したものではない．一方で，植物の茎や枝の行動や習性は可塑性に富み，ミクロ環境の差にかなり敏感に反応することから，枝条の構造様式を類型化した生育型（growth form）が提唱された（Gimingham, 1951；堀川・宮脇，1954；沼田，1955）．

草本植物の生育型はいずれの場合も，①枝条がはうか立つかという生育行動と，②枝条の群がりの疎密，および③分枝の仕方の疎密にもとづいて分けられている（中西，1977）．日本の分類体系はどれもがヨーロッパでは取り上げられなかった「つる型」を含むという特徴がある．たとえば沼田（1955）の生育型では直立型（e），匍匐型（p），分枝型（b），そう生型（t），ロゼット型（r）および，つる型（l）の6つの基本型を設け（図5.1），このほかに一時期（r）で過ごした後に（e）に変わるヒメジョオンのような部分ロゼット（pr）

5.2 雑草類の空間占有特性

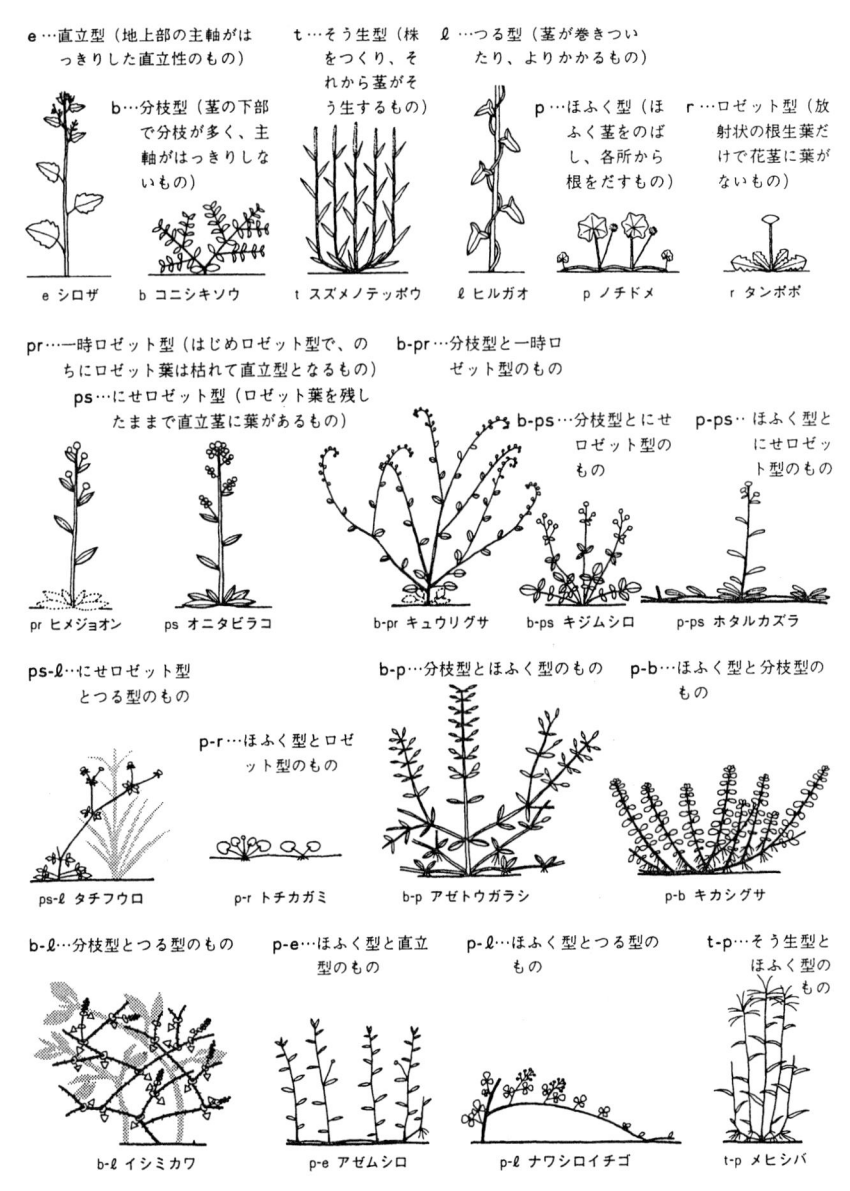

e…直立型(地上部の主軸がはっきりした直立性のもの)
b…分枝型(茎の下部で分枝が多く、主軸がはっきりしないもの)
t…そう生型(株をつくり、それから茎がそう生するもの)
ℓ…つる型(茎が巻きついたり、よりかかるもの)
p…ほふく型(ほふく茎をのばし、各所から根をだすもの)
r…ロゼット型(放射状の根生葉だけで花茎に葉がないもの)

e シロザ　　b コニシキソウ　　t スズメノテッポウ　　ℓ ヒルガオ　　p ノチドメ　　r タンポポ

pr…一時ロゼット型(はじめロゼット型で、のちにロゼット葉は枯れて直立型となるもの)
ps…にせロゼット型(ロゼット葉を残したままで直立茎に葉があるもの)
b-pr…分枝型と一時ロゼット型のもの
b-ps…分枝型とにせロゼット型のもの
p-ps…ほふく型とにせロゼット型のもの

pr ヒメジョオン　　ps オニタビラコ　　b-pr キュウリグサ　　b-ps キジムシロ　　p-ps ホタルカズラ

ps-ℓ…にせロゼット型とつる型のもの
p-r…ほふく型とロゼット型のもの
b-p…分枝型とほふく型のもの
p-b…ほふく型と分枝型のもの

ps-ℓ タチフウロ　　p-r トチカガミ　　b-p アゼトウガラシ　　p-b キカシグサ

b-ℓ…分枝型とつる型のもの
p-e…ほふく型と直立型のもの
p-ℓ…ほふく型とつる型のもの
t-p…そう生型とほふく型のもの

b-ℓ イシミカワ　　p-e アゼムシロ　　p-ℓ ナワシロイチゴ　　t-p メヒシバ

図 5.1 雑草生育型のタイプとその記号(『日本原色雑草図鑑』による)

が加わっている.裸地化した空間に形成された雑草群落の生育型が,どのように変化するか3年間追跡調査した結果(沼田,1957),初年度は直立型(e)や部分ロゼット型(pr)が多かったが,3年目になると匍匐型(p)や分枝型

(b) の割合が増大し，つる型雑草も出現することがわかった．

　雑草の生育型は，詳しく観察してみると最上段に示した6基本型をベースにいくつもの組み合わせがあることに気づく（図5.1）．現在は，雑草の生育型が図5.1に示した19タイプに分けられている．細かく分類することで各種の生育型の特徴がはっきりしてくる反面，群落を構成している同じ生育型を示す種グループの割合から群落の特徴をつかむ場合は，分類群が多すぎて煩雑となり，全体の傾向がつかみにくくなる．

　次に生育型を雑草が生活空間を確保する仕方に着目して分類すると，以下の4つのタイプに分けることができた（Nemoto & Mitchley, 1995；根本，1997）．まず，確保した生活空間を堅持しようとする陣地強化戦術（position fortifying tactics）と，占有空間を拡大させる陣地拡大戦術（position extending tactics）に大別できる．陣地強化型の雑草は特定の土地に立体的に葉層を展開してその土地を占拠し，ほかの植物が侵入してくるのを防いでいる．しかし光に対する他植物との競争に負けて，種子を散布する前に枯死してしまえば，次世代の再生産が困難になる．エゾノギシギシ，ヒメイヌビエなどはいったん定着した場所で草丈を高め，同時に葉面積を増大させて確実に定着し，ほかの植物を排除する陣地強化戦術をとる．

　一方，陣地拡大型の雑草は葉層を平面的に分散させ，さまざまな立地条件の土地へ進出し，行きあたった好適条件の土地での光合成によって生存している．はじめに定着した場所の葉層が枯死しても，ほかの地点に広がった茎から不定根が発生していれば，そこを中心に再度周辺に広がることも可能である．ヘビイチゴ，オオジシバリなどは，匍匐茎によって占有空間を拡大していく陣地拡大戦術をとる．生育型戦術にもとづく空間競争モデルによれば，どちらの戦術も最終的には周辺植物の密度に大きく影響を受けることがわかっている（Yamagata & Nemoto, 1992）．

　3番目のタイプはメヒシバやツユクサのように，周囲の環境条件に呼応して陣地強化と陣地拡大の2つの戦術を使い分けるもの（unconstrained tactics）である．メヒシバやツユクサは周囲を作物に取り囲まれた畑の中で陣地強化的な生育型を示し，サイズのきわめて小さな個体でもしばしば生殖成長期にフェーズが転換し，花芽の分化がみられた．一方，周りに何もない裸地に発生した場合は，多くの不定根を発生させ，著しく大きなジェネットを形成した．

立地条件が好適で刈り取り管理を行わなければ草高が 2 m 以上に達する多年生草のヨシやセイタカアワダチソウは，立体的に葉層を展開する一方，地下茎によって周囲に広がっていくので，4 番目の陣地強化-拡大型タイプの雑草である．このタイプの雑草が生態系に及ぼすインパクトは非常に大きい．

b. 生育型戦術の定量化

上述の生育型戦術は定性的な概念であるが，次式で示される形態指数（morphological index：MI）を用いることで，それを定量的に取り扱うことができる（根本，2001）．すなわち，

$$MI = \sqrt{(長径) \times (短径) \times \frac{\pi}{4}} \div (草丈)$$

ここで，長径と短径は雑草ジェネットの平面的な広がり，草丈はその自然草高の測定値である．MI 値によってある時点における雑草ジェネットの広がりと高さのいずれの成分が勝っているのかを示すことができる．また，ジェネット周辺にほかの植物が存在しない場合の MI 値と比較すれば，周囲を囲まれたギ

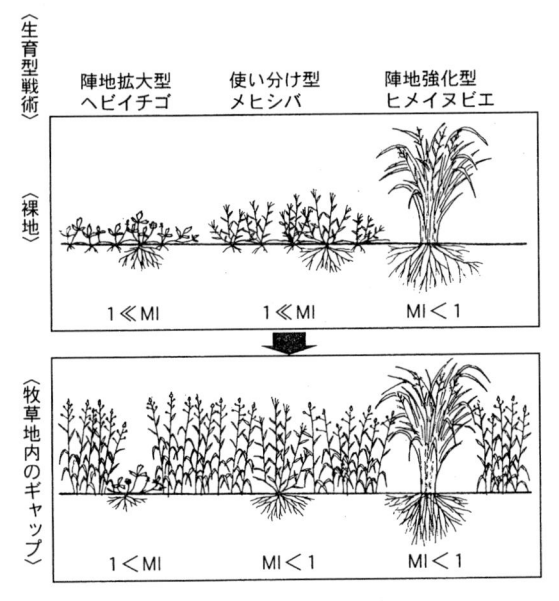

図 5.2 裸地と牧草地内のギャップで生育させたヘビイチゴ，メヒシバおよびヒメイヌビエの生育型戦術と形態指数（MI）の値（根本ほか，1992）

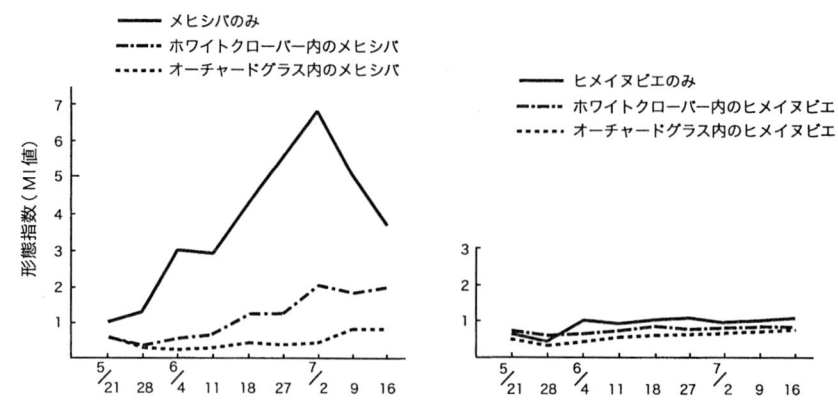

図 5.3 メヒシバとヒメイヌビエの異なる環境条件下における形態指数の推移（根本ほか，1992）

ャップ内で示される当該雑草の形態的な可塑性の程度を知ることもできる．MI の値からも人工草地に侵入したヘビイチゴ，メヒシバ，ヒメイヌビエの生育型戦術はそれぞれ陣地拡大，使い分け，陣地強化の3つのタイプに分けられた（図5.2）．使い分け型のメヒシバは人工草地群落内のギャップと裸地ではその MI 値が著しく異なった（図5.3左）．一方，陣地強化型のヒメイヌビエは，急速な伸長成長と葉面積を拡大することによって牧草に対する競争力はきわめて強かったが，周辺に広い空間があっても MI 値の変化はみられなかった（図5.3右）．

人工草地に侵入した雑草が生活空間を確保する手段としての生育型戦術と，侵入雑草の潜在的な草丈の大小を組み合わせたのが図5.4である（Nemoto & Mitchley, 1995）．図5.4ではイネ科牧草の草丈を基準に侵入雑草の大小を分けているが，雑草群落を形成する種相互の力関係を評価する場合は，管理の目標となる種と同じかそれより大きくなる雑草を大型とし，逆に目標種よりその潜在的な草丈の低い雑草を小型とするなら，雑草群落内において前者を競争的な種，後者を共存的な種として位置づけることも可能であろう．

c. 茎や根による栄養繁殖パターン

生育型戦術のうち陣地拡大型戦術では，匍匐茎，根茎あるいは横走根が伸びることでその陣地が拡大される．大きなジェネットを形成した雑草の茎や根は，人間による攪乱の結果切断されると，多くの場合切断された各部分がラメ

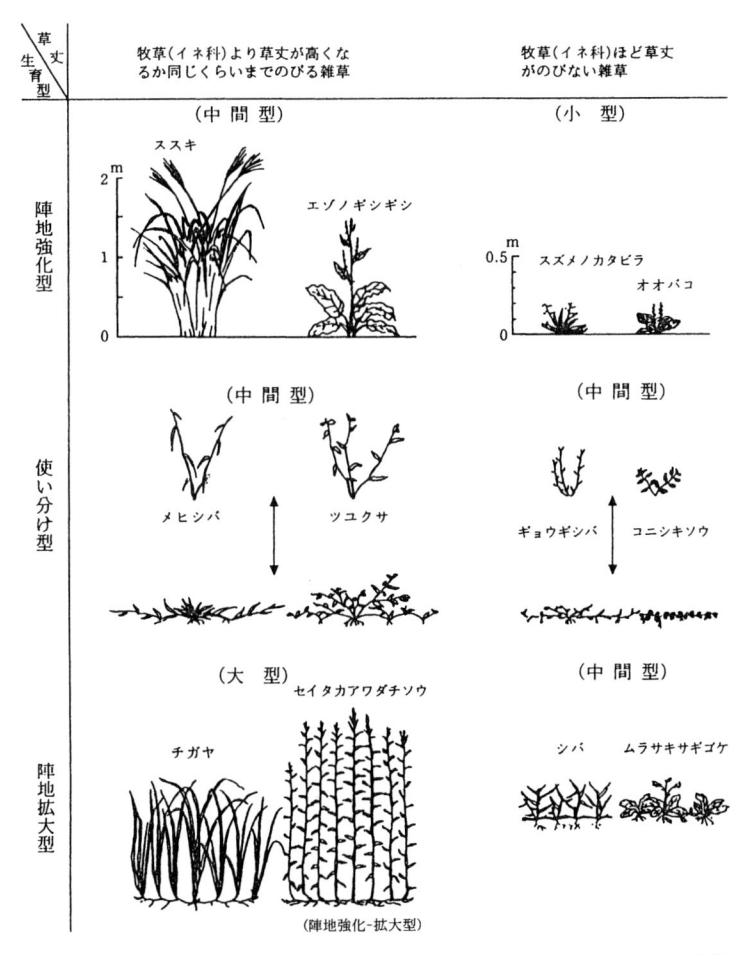

図 5.4 人工草地に発生する雑草の生育型と、その潜在的な草丈の大小にもとづく雑草のタイプ分け（根本，1997；一部修正）

ットとなって再生することから繁殖体としてとらえることができる．このような栄養繁殖系は，①地上茎から地下茎へ移行するA系列，②下枝の埋没などにより徐々に地下適応したB系列，および③はじめから地下茎として発達したC系列，に分けられる（図5.5 矢野，1971）．

　A_1系列は地上茎が匍匐茎となり，そこから発根し地下茎へと移行する系列で，ヒメハギ，ザクロソウがA_1-a，コナスビがA_1-b，メヒシバ，ツユクサ，サギゴケ，チヂミザサがA_1-cに該当する．A_2系列はつる植物として進化した

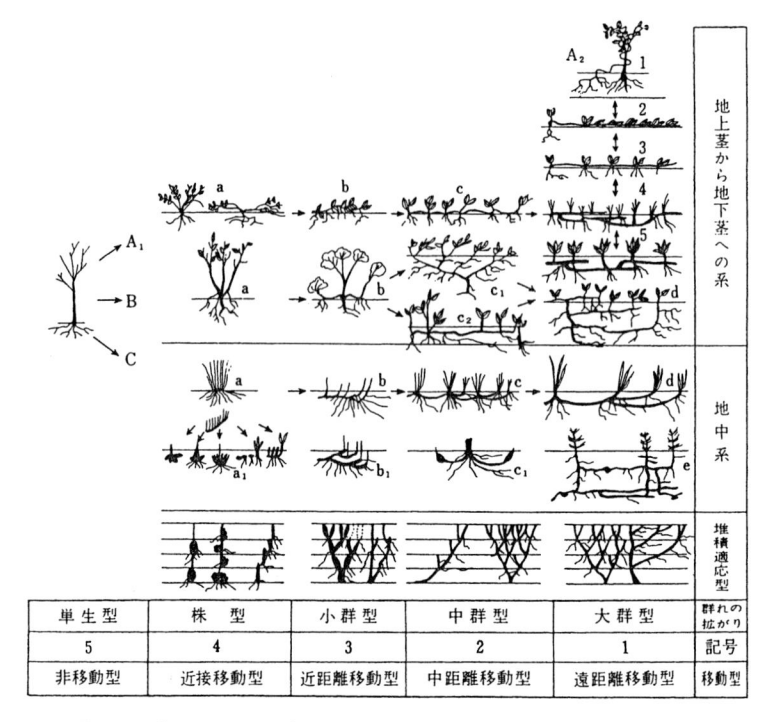

図 5.5 茎や根による栄養繁殖パターンおよび移動型の分類（矢野，1971）

ものが地表面を匍匐し，地下茎性に移行したと推定されている．クズがA_2-1，ヘクソカズラがA_2-3，ギョウギシバがA_2-4，ネザサ，ヨシがA_2-5に該当する．B系列に属する雑草は少ないが，カジイチゴ，ヨモギがB-c_2に，ハマヒルガオ，ハマエンドウがB-dに属している．C系列にはススキ，トダシバがC-b，チガヤ，コウボウムギ，ハマスゲがC-d，トクサ，イヌトクサがC-eに属している．C系列に属する植物は土砂の堆積に強いものが多い．

　これらの栄養繁殖系は広がりの程度から，単生型(5)，株型(4)，小群型(3)，中群型(2)および大群型(1)の5つのタイプに区分される．この区分は移動型として表現することもでき，それぞれ(5)が非移動型，(4)が近接移動型，(3)が近距離移動型，(2)が中距離移動型，(1)が遠距離移動型となる．遠距離移動型の栄養繁殖器官を広げている，大型で陣地拡大型の多年生雑草は，環境条件のよいほかの立地でつくられた光合成産物を転流することが可能なため，他種群落の小さな隙間にまで侵入し発育することができる．またそれらの多年生草は

生育が旺盛なため，除草が困難な場合が多い．

5.3 優占種-ギャップ-侵入雑草システム

● a. 優占種の生育型

　雑草が新たに陣地を築くことができる場所は，①何も生えていない裸地か，②親個体の周辺，あるいは③すでにほかの個体によって築きあげられた群落内のギャップである．①の場合は裸地の土性や水分，栄養塩の多寡など非生物的環境が侵入雑草の生育可能な範囲であれば定着できるだろう．しかし，②や③ではさらに定着条件として，前任者との光や水や栄養塩をめぐる相互作用が加わってくる．前任者との競争の勝敗，あるいは共存の可能性には，前任者によって形成された群落における主として優占種の生育型と，その生態的特性が影響してくる．以下に述べるさまざまな立地で優占種となる代表的な草種の生育型を，図5.2に従って分類したのが表5.1である．

　表5.1に示した草本植物は人工草地の牧草以外はすべて自然発生し，ときに優占群落を形成する雑草である．また人間による攪乱を受けなくなった耕作放棄地や，はじめは強い攪乱圧が加わるがその後ほとんど攪乱のない焼畑を除けば，表5.1の優占種はおおよそ定期的に刈り取り，放牧，踏みつけ，火入れな

表 5.1　人工生態系や半自然生態系で優占種となる雑草の生育型戦術のタイプ

	生態系：立地				
	人工：人工草地	半自然：半自然草地	半自然：畦畔，土水路	人工→自然：耕作放棄地	人工→自然：焼畑（タイ）
陣地強化型	オーチャードグラス*	ススキ，ハギ	ブタクサ，オオバコ，チカラシバ	オオアレチノギク，アキノエノコログサ	ベニバナボロギク，カッコアザミ
使い分け型	メヒシバ(t-p) ツユクサ(b-p)		メヒシバ(t-p) ギョウギシバ(t-p)	クズ(l-b)	
陣地拡大型	ホワイトクローバー*	シバ，コウライシバ	シバ，スギナ	カナムグラ，アレチウリ	
強化-拡大型	リードカナリーグラス*	チガヤ，ワラビ，イタドリ，ヨモギ，セイタカアワダチソウ	ヨシ，オギ，チガヤ，イタドリ，セイタカアワダチソウ	セイタカアワダチソウ，ヨシ，オギ	

＊播種する牧草，（ ）内は生育型を示す．

どの攪乱を受けている．そして攪乱された結果，部分的あるいはその全体が障害を受けても再生芽を形成する部位が完全に破壊されないかぎり，再生するものが多い．

陣地強化型の優占種にはさまざまな雑草が含まれる．定期的に刈り取りが行われる人工草地ではオーチャードグラス（カモガヤ）が，半自然草地ではススキ，ハギなどが優占となる．畦畔や土水路にはブタクサなど広葉の陣地強化型がみられることもあるが，管理が十分いき届いていれば，陣地強化型雑草は少ない．しかし，踏みつけなどの攪乱圧が高まると，ニワホコリ，オオバコなどの小型の陣地強化型雑草が増える．耕作放棄地ではアキノエノコログサ，オオアレチノギクなど二次遷移の初期に優占する雑草は陣地強化型が多い．タイの焼畑では最初にベニバナボロギクが，続いてカッコアザミが優占した．

牧草のオーチャードグラスや，ススキのように成長にともなって株化する大型の陣地強化型雑草は，刈り取り後の再生が十分でないと周囲に裸地を形成しやすい．わが国のオーチャードグラス優占草地では造成後3～4年目ごろから，この裸地でエゾノギシギシ，ヨモギ，イタドリなどのオーチャードグラスよりも草丈の高くなる雑草が増加し，草地の荒廃化が進むことが多い．このように株化するイネ科の大型雑草は，管理の仕方によってはほかの小型や中型の草種が侵入・定着できる空間が生じやすいので，場合によっては種多様性に富む群落が形成されることがある．

たとえば，かつて屋根葺き用のススキを採集していた場所では，春先の火入れと秋にススキの地上部を刈り取ることを毎年継続実施した結果，47種もの雑草が生育していたという．

このススキ群落構成種の生活史を調べたところ，生育パターンの特徴から，草丈151 cm以上の上層類，50～150 cmの中層類および50 cm以下の下層類に分けられた（小池, 1972）．上層類のススキ，オオアブラススキ，ヤマハギ，ノハラアザミと比較して中層類のシラヤマギク，オミナエシ，オカトラノオは初期成長は良好だが，じきに成長を停止することがわかった．また下層類のミツバツチグリ，タチツボスミレ，スギナなどは上層類が十分伸長して株間が暗くなる前に開花することがわかった．このように雑草類は各層ごとに空間だけでなく時間的にも生活場所を棲み分けているのである．

ところで，オオバコなどの小型の陣地強化型雑草が優占する場所は周辺に裸

地がみられることが多いが，この裸地は攪乱圧が強すぎるために生じたものであり，そこへ雑草種子を散布しても発芽してこないことが多い．

　使い分け型の優占種はあまり多くないが，その代表は一年生草のメヒシバと多年生草のクズであろう．メヒシバは除草剤を散布した畑地の周辺や荒廃した人工草地，新しく造成された畦畔や土手でよく優占する．そのほか，畑地で一年生雑草のツユクサが，畦畔や土手では多年生雑草のギョウギシバが優占することがある．大きな裸地空間内に芽生えたメヒシバやツユクサは不定根を発生させながら周囲に広がり，ただちに裸地を覆ってしまう．しかしいずれも一年生草のため，秋季になると越年草に置き換わることが多い．一方，クズは管理放棄された場所でしばしば優占する．放棄された裸地では分枝型の生育型でところどころに不定根を発生させ広がりつづけるが，植生が残存する場合はその上につるをはわせ，覆いかぶさるように広がっている．

　陣地拡大型の優占種として，人工草地の牧草であるホワイトクローバーや比較的攪乱圧の高い半自然草地や畦畔，土水路に生育するシバがある．暖地の海岸沿いの半自然草地では，シバにかわってコウライシバが優占する．湿性地の畦畔では，ときにスギナが優占することもある．また耕作放棄地では，陣地拡大型でつる性のカナムグラやアレチウリが残存している植生を覆ってしまうことがある．ホワイトクローバーやシバは匍匐茎によって裸地を急速に占有することが可能な反面，草丈が低いために庇蔭されやすく，たちまち消滅することも多い．

　陣地強化-拡大型の雑草はほかのタイプより優占種になりやすく，比較的安定した群落を形成する．人工草地の牧草であるリードカナリーグラス，半自然草地や畦畔のチガヤ，ヨモギ，ワラビ，イタドリ，土水路などの湿性立地のヨシやオギ，耕作放棄地のセイタカアワダチソウなどである．

　リードカナリーグラスの優占する人工草地では刈り取りによってその地上部が除去されると，主として，養分を貯蔵している地下茎から直接発生する初期成長の早い，太くて新しい茎によって再生する．そのためリードカナリーグラス草地内に侵入した雑草種子は発芽できても，その芽生えが，新しく再生してきた太い茎をもつリードカナリーグラスとの競争に勝ってみずからの地上部を発育させることは非常に困難である．そのためリードカナリーグラス草地を造成すると，それまで大繁茂していたエゾノギシギシのような大型の陣地強化型

雑草が減少していく．一度リードカナリーグラスが優占すれば，刈り取りを継続することで，構成種数は少ないがきわめて安定な群落が維持される．

　刈り取り管理の回数が少ない半自然草地，畦畔，土水路などや耕作放棄地では，チガヤ，ヨモギ，イタドリ，セイタカアワダチソウが優占する．刈り取りを停止するとチガヤは純群落に近くなるが，毎回3～4回程度の刈り取り条件下ではチガヤが優占するものの比較的多様性に富んだ群落になる．ヨモギ，イタドリ，ワラビは刈り取りや踏みつけによる抑制効果が大きい．

　耕作放棄地では土壌の水分条件によって，乾性立地ではセイタカアワダチソウが，湿性立地ではヨシ，オギが優占種になりやすい．セイタカアワダチソウの上層の葉は1本1本の茎の間隔より小さめで斜めについているため，下層まで光がよく透過する．一方，下層の葉は隣どうしの葉が接近するまで横方向に成長する（図5.6）．このため耕作放棄地のセイタカアワダチソウ群落の地表面にはほとんど光が届かず，耐陰性のある雑草がわずかに発生するだけである．しかしながら頻繁に刈り取りを繰り返せばセイタカアワダチソウの成長が抑制され，侵入雑草もある程度定着できるようになる．

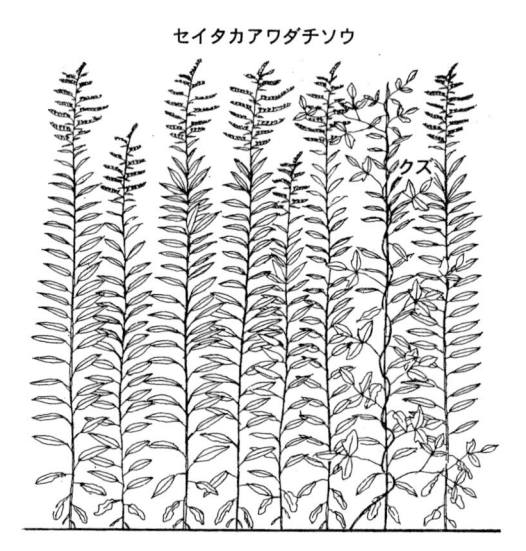

図 5.6　セイタカアワダチソウ群落の断面図
セイタカアワダチソウ群落で優占できるのは，クズのようなつる植物だけである．

b. ギャップの形成要因

森林の中で倒木や高木の立ち枯れ，幹折れなどによって生じた林冠の穴はギャップ（gap）とよばれている．ギャップがつくられると，光が差しこむことによってギャップ形成前から待機していた稚樹や，形成後に発芽・定着した芽生えが成長しはじめる．この一連の過程をギャップ再生（gap regeneration）という（Watt, 1947）．雑草を含む草本群落においても，さまざまな原因で草冠が欠如することがあり，ギャップができる．

草本群落のギャップは森林ギャップ（forest gap）と区別するため，植生ギャップ（vegetation gap）ということがある．しかし本書では森林ギャップは取り扱わないので，以下，単にギャップとよぶことにしたい．森林では極端に大きいもの（>0.1 ha）や小さいもの（<5 m²）は，通常ギャップとして扱わない（山本，2003）．ところで人間による不適切な管理を被った草本群落では，それが同じ要因による攪乱でも，形成されるギャップは大小さまざまである．そこで，ここではギャップサイズの大小は問題にしないことにする．

表5.1に示した人工草地や半自然草地には，人為的ないし自然的要因によってギャップが形成されるし，人間による干渉のなくなった耕作放棄地でも自然的要因によってギャップがつくられる．人為的に形成されるギャップには図

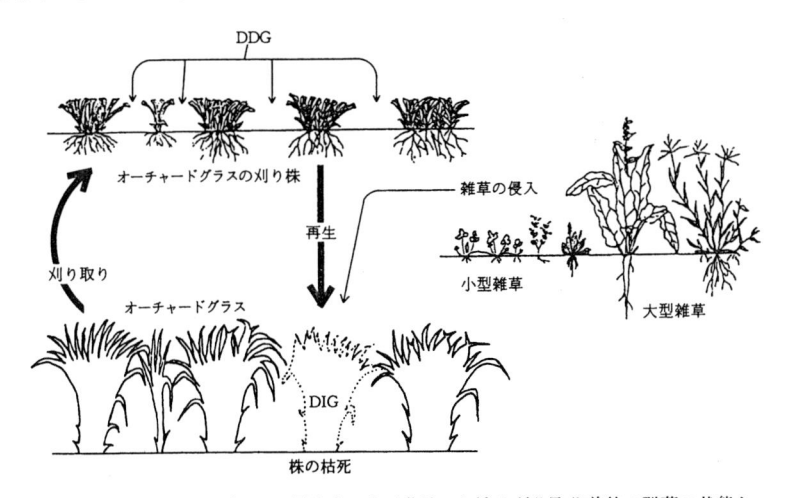

図 5.7 オーチャードグラスが優占する人工草地における刈り取り前後の群落の状態と，そこへ侵入してくる雑草（根本，1997）
通常の刈り取りによって生じた個体密度に依存するギャップ（DDG，タイプa）および，不適切な管理のためオーチャードグラスが枯死した跡にできる個体密度とは関係のないギャップ（DIG，タイプb）．

5.7に示した2通りのタイプがある．1番目のタイプは草の生産と利用，あるいは農作業のための空間を確保する目的から，刈り取り，放牧，火入れなどを行うことにより草冠が除去されたため生じたギャップで，allover gap といわれる（タイプa）．このタイプのギャップは，人工草地や半自然草地における定期的な採草や放牧によって，また畦畔や土水路では農作業に支障をきたす木本類や大型雑草を防除した跡に生じたものである．

上述のタイプaは適切な管理を行っても生じる，優占種の個体密度に依存するギャップである．一方，2番目のタイプは個体密度とは関係なく生じるギャップである．刈り取り機による低刈り，収穫機の取り扱いミスによる傷跡，作業用車輌の轍あるいは過度の踏みつけ，過放牧など誤った管理によって形成されるものである（タイプb）．半乾燥地の砂漠化も，タイプbのギャップが関与している．過放牧の結果として生じたギャップは，それが拡大していき隣接するギャップどうしが融合することにより，砂漠化はより深刻となる．

次に述べるタイプcからタイプeのギャップはいずれも自然的要因に起因するが，その発生メカニズムは異なっている．タイプcは不適切な管理が遠因となるものの，ギャップ形成は牧草の生理的障害や病害虫の発生によって生ずるものである．たとえばオーチャードグラス草地を夏季に低刈りしたことによって発生する夏枯れや，刈草の収穫作業の遅れによる蒸れによって誘発された，白絹病の蔓延によるホワイトクローバーの枯死によって生じたギャップなどが該当するだろう．

タイプdは人間による干渉のない，自然生態系でも観察されるギャップである．北米のプレーリーでは乾燥による草本類の枯死や，乾燥によって誘発された野火によって広範囲にわたるギャップができる．またジリスやアナグマによる地表面付近の攪乱，蟻塚の形成によっても小さなギャップができる．タイプdのギャップは，わが国の草地や畦畔，土水路などでも霜柱による芽生えの枯死や，ミミズやモグラのはたらきによってつくられる．

タイプeのギャップは，群落を形成している多年生の優占種が寿命による生育の衰えによって生じるものである．たとえば耕作放棄後20年が経過した水田跡地に優占するススキは，その衰えによってタイプeのギャップを形成，その中に木本類が侵入してくることが観察された（大黒ほか，1996）．しかし種多様性に富んだ群落では，特定の種が衰えても周辺のほかの種にいち早く置き

換わるので，ギャップは不鮮明なものになるだろう．

● c. ギャップの性質と侵入雑草の定着

　上述した群落の優占種，あるいは優占種群の生育型と当該群落に加わる攪乱要因の違いから，さまざまなギャップが形成される．このようなギャップ内で雑草が発芽・定着できるか否かは，ひとたびつくられたギャップのサイズや形状と，その後ギャップがどのような過程を経て変化していくかにかかっている．またギャップがつくられる頻度や，それがどんな雑草によって埋まるのかは，後述する雑草群落の遷移と密接に関係してくる．以下ギャップにはどのような特徴があるのか，タイプ別にみてみよう．

　草冠が十分に閉じられた群落につくられるタイプaのギャップは，上述したように当該群落の優占種あるいは優占種群の生育型と，その個体密度によってサイズが決まってくる密度依存的なものであった（図5.7）．このタイプのギャップサイズはバラツキが小さい．しかも適切な管理が行われているかぎり，それまで草冠を形成していたギャップ周辺の個体が再び伸びはじめ，ほどなくしてギャップは閉鎖される．したがってギャップ内にあった埋土種子，あるいは風や動物によってほかから持ちこまれた種子は，それがギャップ形成直後に発芽したとしても，光不足によって枯死する割合が非常に高い．地下茎によって周辺から侵入してくる陣地拡大型雑草だけは例外的にギャップサイズの大小にあまり関係なくギャップ内で成長する．

　タイプbやcのギャップは群落構成種の密度とは無関係に，不適切な管理による影響が及ぶ範囲に形成される．だからギャップのサイズや形状はいかようにも変化する（密度非依存的ギャップ）．またこのタイプでは，ギャップのサイズが非常に小さかったり細長かったりする場合は周辺個体によるギャップの閉鎖も可能であろうが，一般に草冠を形成していた個体の再生はほとんど期待できない．そのため侵入雑草の定着は容易である．また草高の低い群落につくられたこの種のギャップでは，面積が同じ場合は円形に近いものほど侵入雑草の生育が良好となる．ホワイトクローバー草地内に形状の異なる約 $700\,\mathrm{cm}^2$ のギャップをつくり，その中心にエゾノギシギシを定植した実験では，円形ギャップ内の個体が最もよく成長した（根本ほか，1992）．

　タイプdやeのギャップは，それぞれその形成要因を反映した特徴的なもの

になる．タイプdではギャップ形成に関与した小動物の種類によってギャップ形成の時期やサイズが決まってくるだろう．またタイプeではギャップのサイズや形状は，寿命に達した草本植物の生態的特性によって大きく影響されるであろう．

タイプaのギャップを除けば侵入雑草は定着できる場合が多い．しかし実際は何でも定着するわけではなく，それぞれのギャップに特有なサイズや形状，周辺環境などがフィルターとなって，一定の生態的特性をもつ種のみが定着するであろう．ギャップと侵入植物との関係は，草本植物群落においても，今後は希少種の生育地内保全を成功させるために早急に解明されなければならない課題の1つである．

5.4 非農耕地における雑草群落の遷移

● a. 群落の構成員を決める要因

非農耕地の雑草群落を構成している雑草類は，どのような条件をくぐりぬけて当該群落の構成員となるのだろうか．これまでも生育型戦術や優占種-ギャップ-侵入雑草システムについて解説してきたが，実際に形成される群落構成員になるためには，ほかにも多くの乗り越えねばならない条件がある．BelyeaとLancaster（1999）は，群落形成に関与するであろう種の供給源を図5.8に示した5つのタイプに分けて考察した．すなわち，

　①景観スケールにおける生態的あるいは進化的な過程によって決まる全体の種供給源．
　②全体の種供給源の部分集合で，当該立地の諸条件によって決まってくる立地としての種供給源．
　③当該立地に散布されることが可能な種の部分集合である地理学的種子供給源．
　④②と③が重なりあう部分として生態的種供給源．
　⑤④のうち地上部の群落を構成している実際の種供給源．

すべてのタイプの種供給源に含まれる種が同一であるなら，ほかから植物が入り込む余地がないので，閉鎖的で安定な群落となる．

図5.8から明らかなように，種の分散の制約が地理的な種の供給源を決め，

5.4 非農耕地における雑草群落の遷移

景観スケールで決まる全体の種の供給源

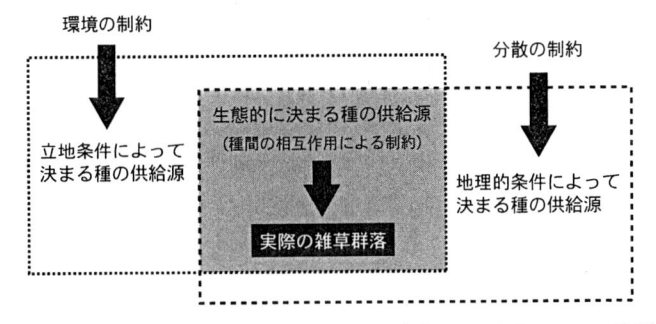

図 5.8 群落形成に関与する種の供給源のタイプ（Belyea & Lancaster, 1999）

　環境の制約が当該立地に見合った種を供給し，そして種間の相互作用による制約が実在する群落の構成種を決めることになる．このような制約（constraint）をろ過装置（filter）になぞらえ，種の生態的な機能を決めている物理的あるいは生理的な特性（trait）が，このろ過装置を通りぬけることができるか否かで供給源の中身が決まってくると考えた．
　さまざまなろ過装置を通過して定着することができた雑草類は地域に特有な雑草群落を形成していくが，それが長期間にわたって安定した状態で保持されることはむしろ少ない．雑草群落は通例，一定の方向性をもって，時間軸に沿って構成員が移り変わる「遷移」という現象が起こる．農耕地や，それを取りまく非農耕地で雑草を管理することは，この遷移の進行を抑制することにほかならない．

● b. 植生遷移の概念

　遷移は古くから知られている生態現象で，すでにSchimperの『植物地理学』（1898）でも紹介されている．しかし本格的な遷移の研究はClementsの『植物遷移』（1916）が出版されてからだろう．Clementsは1つの大気候のもとには1つの極相しか存在しないという単極相説を提唱した．極相群落は遷移の過程で発生し，成長し，極相にいたって成熟するもので，植物群落が成立することによって，その環境をわずかに変化させ（環境形成作用），その変化した環境が作用して（環境作用）さらに新しい群落が形成される，という環境形成作用-環境作用系によって決まってくる自然的な変化の結果として生じたも

のであり，彼はこのような変化の過程を遷移系列（sere）とよんだ．そのため Clements の考えは，後に有機体説（1928, Plant Succession and Indicators）といわれるようになった．これに対して Tansely（1935）は，ある1つの気候帯の中にもそれぞれ優占種の異なる複数の極相が存在するという多極相説を主張し，Clements の考えを幅広く批判した．また Tansely は遷移系列と極相の概念を，自発的な変化によって起こる自律遷移と外力によって誘発される他律的遷移に分けて整理した．

上述したように極相群落を1つの有機体とみなした Clements は，遷移を起こす要因はその内部に宿るものと考えた．一方 Gleason（1917）は，遷移のさまざまな現象はあくまでも群落を構成している個体の成長に起因するものとした．Clements 流の遷移のとらえ方は，その後 Margalef（1968）や Odum（1969）へと引き継がれている．また Gleason の説も Whittaker（1953）の極相パターン説や，遷移を個体群の適応戦略を通して解析する Grime（2001）へと引き継がれている．ただし Whittaker の説は多くの極相を認めるのでなく，それらを遷移の段階の違いとして認め，全体を連続体のパターンとして認識するものである．

遷移は火山の噴火によって生じた新島にみられるように，基質に胞子，種子，根茎，その他の植物を含まない場所で始まる一次遷移系列と，耕作や宅地造成などなんらかの原因で植生が破壊された場所で始まる二次遷移系列に分けることができる．

● c. 遷移の過程

Clements の遷移学説に触発されて，その後いろいろな研究者が異なる立場から遷移の過程や機構について研究することとなった．その結果，遷移の進行には若干の一般的な傾向が認められるようになった．すなわち，

① 植被率，生物量（バイオマス）および群落構成種数が時間経過にともなって，ある時期まで増加する．

② 温帯や熱帯域では，小型の一年生草本と多年生草本が優占する相から灌木や木本が優占する相にいたる遷移の過程で，キャノピー（草冠または林冠）の高さが増大する．

③ 先駆種の成長率は遷移の後段に優占する後続種と比べて大きいが，反

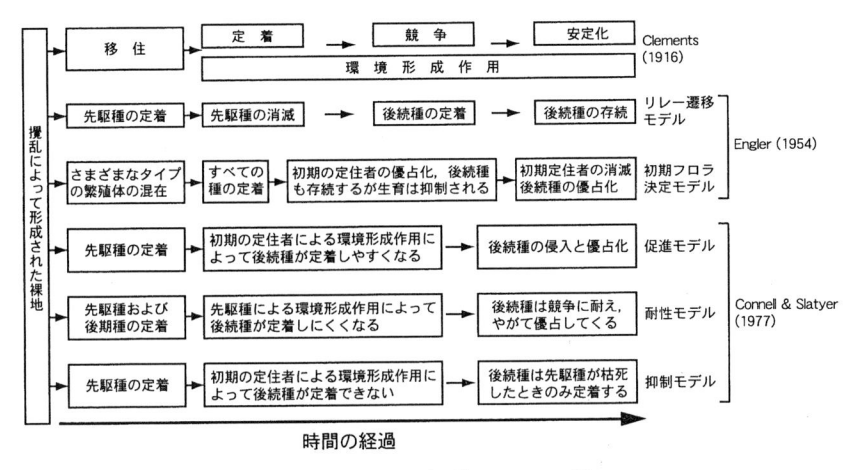

5.4 非農耕地における雑草群落の遷移

図 5.9 遷移の過程を示した3つのモデル

面その寿命は短い．
などである．

ところで Clements の単極相説においては，大気候のもとでは1つの極相に向かう限られた軌道に沿って遷移が進行する，というものであるが，実際の遷移過程にはいくつかの異なるタイプがあることが明らかになった．Engler (1954) は，図 5.9 に示したリレー遷移モデルと初期フロラ決定モデルの2つの異なるタイプのモデルを提示した．リレー遷移モデルでは，攪乱によって生じた裸地空間からスタートした遷移は，先駆種の定着と，それに続く種間競争と環境形成作用によって先駆種が消滅，やがて後続種が定着し優占種として存続するという Clements の学説に近いものである．一方の初期フロラ決定モデルは，裸地空間にははじめからさまざまな種が定着するが，初期には先駆種が優占，他種は抑制されつつも存在，やがて先駆種の消滅によって後続種が優占化する，というものである．

Connell と Slatyer (1977) は Engler のモデルをさらに展開し，遷移の過程を，①促進 (facilitation)，②耐性 (tolerance)，および③抑制 (inhibition) の3つのモデルにまとめた（図 5.9）．1番目の促進モデルはリレー遷移モデルと同じく，初期に侵入した先駆種が後続種の侵入を促進するという，Clements の初期の学説をさらに発展させたものである．たとえば先駆種が成長することによって陰が形成され温度環境が改善されたり，空中窒素の固定によっ

て土壌が肥沃化していかないと後続種が定着できないという場合で，初期の環境条件の厳しい一次遷移でしばしば報告されている．先駆的な草本植物の定着を促進させるものとして，地衣，蘚類あるいは藻類の重要性がいわれているが，実際にはそれらを欠く場合も多い．

2番目の耐性モデルは初期フロラ決定モデルを発展させたもので，遷移系列の前の種は，後の種に対して特に定着を促進することはないとするモデルである．前と後の種の交替はおもにそれぞれの種の生活，あるいは成長様式の違いによるものとする．たとえば遷移の段階にみられる後続種は成長速度は遅いものの寿命が長く，かつ庇蔭に対して耐性を示すから，後段になって優占化してくるというものである．

3番目の抑制モデルは，存在している種が物理的，化学的ないし生物的な手段で，あるいはそれらの複合作用によって，それに続く種の定着を妨げたり，抑制したりするというモデルである．たとえば先に優占していた種が，生産したリターによって次に優占するであろう種の侵入を抑える場合で，放棄畑の二次遷移において，アキノエノコログサのリターは物理的，化学的にヒメジョオンの成長を抑制するという（Facelli & Facelli, 1993）．このリターを取り除けば，ヒメジョオンは定着することができ，次いで定着したヒメジョオンによってアキノエノコログサの成長が抑えられるようになるという．一連の遷移の最終段階である極相も，この抑制モデルによって説明できるだろう．

Grime（1979）は上述した Engler や Connell らのモデルとは別に，彼の3戦略説（three strategy theory）の中で遷移の過程を考察した．Grime は遷移の担い手となる植物群落の構成種を競争種（C: competitors），ストレス耐性種（S: stress tolerators），および攪乱依存種（R: ruderals）の3つの生活型に分け（コラム3，p.44参照），それらを三角ダイヤグラムの上に位置づけした．この三角ダイヤグラムの中で，二次遷移の進行にともなって変化が予測される優占種の生活型の軌道を示したのが図5.10である．彼は二次遷移において，上記の3種に備わった戦略のうち，当該立地の潜在的な生産力に見合ったものがその役割を発揮すると考えた．そこで図5.10の左の三角ダイヤグラムには潜在生産力が，それぞれ高い（S_1），中程度（S_2）および低い（S_3）場合の，優占種の生活型の軌道が示してある．

最も生産力の高い立地の遷移の過程（S_1）は，激しい競争のみられる途中相

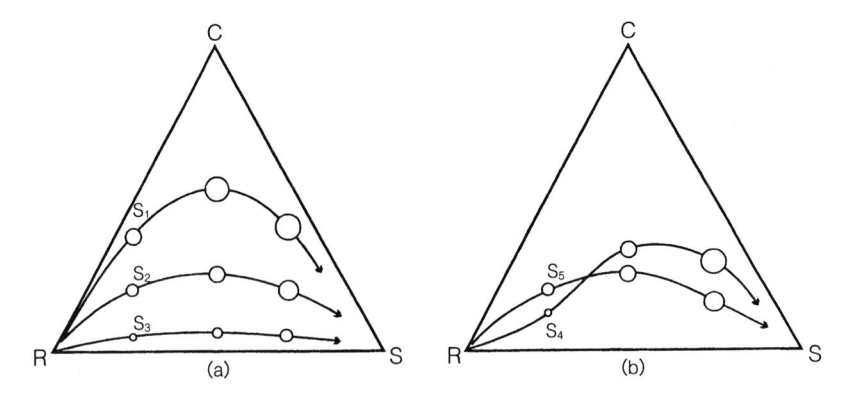

図 5.10 二次遷移の進行（矢印の方向）にともなって変化が予測される優占種の生活型の軌道 (a) に示すように，立地の潜在的な生産力（S_1：大，S_2：中，S_3：小）によって軌道が異なる．また (b) に示すように，生産力が増大しつつある場合（S_4）と減少していく場合（S_5）では異なる軌道を通過する．各ステージの現存量はマル印の大小で示してある（Grime, 1979；一部修正）．

によって特徴づけられる．そこではまず競争的な広葉草本が，次いで競争的かつ耐陰性のある灌木そして木本が優占する．さらにこの遷移過程では，ストレス耐性種が徐々に重要な位置を占めるようになり，最終相へと続く．中程度の生産力を示す立地の遷移（S_2）では，資源の涸渇によって非常に競争的な種の出現は妨げられ，次に優占種となるストレス耐性種は小さくて成長が緩慢な灌木や木本類で，S_1 と比べ現存量の低いさまざまなタイプの植生となる．生産力の低い立地（S_3）では現存量は低いままで，攪乱依存種から直接，ストレス耐性種の相へ移動する．S_1 から S_3 の軌道は潜在的な生産力が固定されている場合を想定したものだが，このような状態は自然界では起こりにくい．ほとんどの立地において生産力は変動する．たとえば空中窒素の固定や化学肥料の添加などで生産力が増大するだろうし，逆に作物の作付けや，降雨による土壌侵食によって生産力は減少するだろう．図 5.10 の右の軌道のうち，（S_4）は潜在的生産力が増大しつつあるケースで，（S_5）は逆に減少するケースである．Grime のモデルは遷移の一般的な傾向を把握するためには有益であるが，すべてがこのモデルにあてはまるわけではない．

d. 二次遷移の仕組み

二次遷移が進行すると，群落を構成している種組成の変化が徐々に緩慢になることはよく知られている．その理由として，優占種が攪乱依存種から競争

種, ストレス耐性種へと変わることは, 成長の早い寿命の短い種から成長の遅い寿命の長い種へと交替していくことでもあるからだ. さらに Grime は, 後続種は, ①種子生産が間欠的になりやすく, ②種子の散布力がゆっくりしているうえ, ③せっかく芽生えても定着するのに適した空間が不足してくるためであると考えた. このほかにも多くの仕組みによって種の交替が起こり, その結果, 二次遷移が押し進められていく.

林 (2003) は長野県菅平地方における二次遷移の実験を皮切りに, 多くの実証的研究によって二次遷移の仕組みを明らかにしてきた. 菅平地方の中生的立地における二次遷移の過程を追跡調査した結果, シロザ→ヒメジョオン→ヨモギ→ススキ→ヤナギ, ウツキの順に遷移が進んでいくことを確認した. このような種の交替をそれぞれの種に固有な生活型の交替としてとらえるならば, 日本の中生的立地における草本期の二次遷移は, いずれも共通する4つの段階から成り立っていることに林は気づいた (表 5.2).

表 5.2 日本の中生的立地における二次遷移各段階での群落優占種 (林, 2003)

遷移段階	気候帯			
	亜熱帯(Tps)	暖温帯(Tw)	冷温帯(Tc)	亜寒帯(As)
I. 一年生草本期(1)	メヒシバ	メヒシバ ブタクサ エノコログサ	シロザ ハルタデ イヌビエ	コヌカグサ ハルタデ
II. 二年生草本期(2)	オオアレチノギク ベニバナボロギク	オオアレチノギク ヒメジョオン	ヒメムカシヨモギ ヒメジョオン	ヒメムカシヨモギ
III. 種子多産型 多年生草本期(4)	ヒヨドリバナ属?	セイタカアワダチソウ	ヨモギ	オオヨモギ
IV. 種子少産型 多年生草本期(8)	ススキ チガヤ	ススキ	ススキ	ノガリヤス属
V. 低木期(16)	オオバギ(海岸)	ウツギ類? ヤナギ類	ヤナギ類 ウツギ類	ヤナギ類
VI. 風散布型 高木期(32)	リュウキュウマツ	アカマツ	アカマツ シラカンバ	ダケカンバ
VII. 動物散布型 高木期(64)	イスノキ? カシ類	カシ類(アラカシなど) コナラ コジイ	ミズナラ	チョウセンゴヨウ?
VIII. 極相期(128)	イタジイ(スダジイ)	スダジイ イチイガシ	ブナ	エゾマツ トドマツ

各期の ( ) 内の数字は裸地化後その段階に達するまでの年数.

5.4 非農耕地における雑草群落の遷移

　すでに植物群落が成立していた場所を裸地化すると，一年生草本期→二年生草本期→種子多産型多年生草本期→種子少産型多年生草本期の順に二次遷移が進行する．また菅平での継続調査によって二次遷移の仕組みがかなり明らかとなった．すなわち，一年生草本期に優占するシロザ，メヒシバ，ハルタデはいずれも埋土種子として残りやすいため，裸地化すると一斉に発芽してくる．裸地は植物によって覆われている場合よりも温度や乾湿の変化が大きく，芽生えの生育には適さないが，幸い一年生草本期の種子のサイズは大きいので定着しやすい．だがその反面，種子の散布力には劣る．しかし休眠が深いために，一度散布された種子は長い期間，好適な環境が到来するまで土中に待機できる．またひとたび発芽・定着すれば光合成産物の80％あまりを地上部に分配し，いち早く地上部の空間を占有する．しかし一年生草本期の優占種は芽生えの耐陰性に劣るため，母植物の下で発芽した芽生えは生育できない．

　次の二年生草本期に優占するヒメジョオンやヒメムカシヨモギの種子重は，シロザやタデの1/100ほどの小さなものである．そのため先駆種より初期成長は遅いが耐陰性があるため，その下生えとして成長しつづけ，先駆種が枯死した後も光を最も受けやすいロゼット葉を展開して越冬し，2年目の優占種となる．

　3番目に優占してくるのは，ヨモギやセイタカアワダチソウといった種子を多産する多年生草である．これらはすでに初年度から発芽がみられ群落構成種の1つになっているが，種子が小さいために大きな芽生えはつくれない．しかも先駆種とは対照的に，光合成産物の多くを地下器官の形成に使う．そしてヒメジョオンが消滅すると3～4年目に優占種となる．

　草本期最後の優占種はススキである．ススキは種子生産数が少ないので当該立地まで到達する確率が小さく，しかも非休眠種子のため埋土種子として残りにくい．そこでセイタカアワダチソウのようにかなり強力な陣地強化-拡大型が優占するとなかなか侵入しにくいが，やがて点々と目立つようになる．いったんススキが定着すると，草丈が2m以上の株を形成する陣地強化戦術によって優占種となる．ススキが優占する頃にはウツギや木本類も目立って次の低木期に移行する．

5.5 雑草群落の動態と他感作用

a. 遷移系列上の優占種にみられる他感作用

これまで遷移進行の仕組みはもっぱら，①栄養成長期における光，水，栄養塩に対する競争と，②種子重，種子生産量，芽生えの耐陰性の大小や散布器官型の違い，などに着目して研究が進められてきた．しかし遷移は①，②のほかに，③植物自身が生産する化学物質，おもに二次的生成物によっても影響を受けているらしい（笠毛，1978）．このような物質は他感作用物質あるいは他感物質とよばれ，他感物質をつくる植物を供与植物，その影響を受ける植物を受容植物といっている．世界各地の耕作放棄地で二次遷移に関する研究が盛んだが，その中でも比較的他感作用に関する研究例の多い北米と日本を中心に，他感作用にかかわる研究の有無をまとめたのが表5.3である．

二次遷移の草本期は上述したように，①一年生草本期，②二年生草本期，③種子多産型多年生草本期，④種子少産型多年生草本期の4つの相に分けられるが，①に優占種となるシロザ，イヌビエ，ブタクサ，ハルタデに他感作用が認められた．これらは重力散布型の種子をつくるが，一方，ベニバナボロギク，ノボロギク，オニノゲシなどの風散布によって種子が伝播する先駆種には他感作用の報告がない．重力散布型では母植物の周囲に高密度の群落を形成することが多いので，自己間引きのために他感作用が有効にはたらくのかもしれない．

②に優占種となるヒメジョオン，ハルジオン，ヒメムカシヨモギ，オオアレチノギクなど，キク科 *Erigeron* 属雑草には他感作用が認められている．また東南アジア熱帯域の焼畑放棄地でベニバナボロギクに引き続いて優占種となる，カッコアザミや *Eupatorium odratum* も他感物質を有しているようである（根本，1989）．

③に優占種となるもののうち，ヨモギの地下部からカフェイン酸が高濃度で抽出され，それによってイネ幼根の伸長が抑えられた．またセイタカアワダチソウの落葉にはポリアセチレン化合物が含まれ，自身の種子発芽を阻害するだけでなく，ブタクサやススキの芽生えの成長を抑制することがよく知られている（沼田，1977）．温帯から熱帯にかけて広く分布し，耕作放棄地などで大群

表 5.3 二次遷移系列上の優占種の特性とそれらのアレロパシー研究の有無（根本, 1989）

種名	和名	科	草丈 (cm)	散布型	生育型	調査国	研究の有無
① 一年生草本期							
Chenopodium album	シロザ	アカザ	60〜150	D_4	e	J, K, G	⊕ Rice (1984)
Echinochloa crus-galli	イヌビエ	イネ	60〜100	D_4	t	J	⊕ Bhowmik ら (1980)
Digitaria violascens	アキメヒシバ	イネ	20〜50	D_4	t-p	J	
Ambrosia artemisiaefolia	ブタクサ	キク	60〜100	D_4	e	J, A	⊕ Rice (1984)
Digitaria sanguinalis	メヒシバ	イネ	90	D_4	t-p	K, A	⊕ 笠毛 (1978)
Setaria viridis	エノコログサ	イネ	20〜70	D_4	t	J	
Crassocephalum crepidioides	ベニバナボロギク	キク	40〜70	D_1	pr	T	
Persicaria vulgaris	ハルタデ	タデ	30〜60	D_4	e, b	G	⊕ 伊藤 (1985)
Senecio vulgaris	ノボロギク	キク	10〜30	D_1	e, b	G	
Sonchus asper	オニノゲシ	キク	100〜200	D_1	pr	G	
Ambrosia elatior		キク				A	
Salsola ibelica		アカザ				A	⊕ Rice (1984)
② 二年生草本期							
Stenactis annus	ヒメジョオン	キク	50〜150	D_1	pr	J, A	⊕ Kobayashi ら (1980)
Erigeron canadensis	ヒメムカシヨモギ	キク	50〜200	D_1	pr	J, K, A	⊕ Kobayashi ら (1980)
Oenothera parviflora	アレチマツヨイグサ	アカバナ	100〜200	$D_{4,1}$	pr	J, A	
Oenothera odorata		アカバナ				K	
Ageratum conyzoides	カッコウアザミ	キク	30〜60	D_1		T, N	⊕ Bansal ら (1981)
Conyza canadensis		キク				G	
Oenothera biennis		アカバナ	30〜150	D_4	pr	G	⊕ Bieber ら (1968)
Leptilon canadensis		キク				A	
Erigeron strigosus		キク	30〜90	D_1	pr	A	
Diodea teres		アカネ				A	

③ 種子多産型多年生草本期

学名	和名	科	種子数				⊕	文献
Artemisia princeps	ヨモギ	キク	50~100	D_4	pr	J	⊕	Numata (1982)
Artemisia asiatica		キク				K		
Eupatorium odoratum		キク	300	D_1	b	T	⊕	根本 (1986)
Solidago altissima	セイタカアワダチソウ	キク	150~300	D_1	pr	J	⊕	Kobayashi ら (1980)
Solidago canadensis		キク				G		
Epilolium adenocaulon		キク				G		
Artemisia montana	ヤマヨモギ	キク	150~200	D_4	b	G	⊕	Hale (1982)
Aster ericoides		キク	30~90	D_1	b	A	⊕	Rice (1984)
Aster pilosus		キク	30~120	D_1	b	A		
Solidago nemoralis		キク		D_1		A		
Hieracium pratense		キク	15~90	D_1	r	A	⊕	Rice (1984)

④ 種子少産型多年生草本期

学名	和名	科	種子数				⊕	文献
Miscanthus sinensis	ススキ	イネ	100~250	D_1	t	J, K	⊕	Rice (1984)
Imperata cylindrica	チガヤ	イネ	30~80	D_1	e	J, T	⊕	Rice (1984)
Poa pratensis	ナガハグサ	イネ	30~70	D_4	t	G, A		
Calamagrostis epigeios	ヤマアワ	イネ	60~150	D_4	t	G		
Andropogon virginicus	メリケンカルカヤ	イネ	30~90	D_1	t	A	⊕	Priester ら (1978)
Andropogon scoparius	レモングラス	イネ				A		

注：⊕：アレロパシーの研究があるもの，J：日本，K：韓国，G：ドイツ，A：アメリカ，T：タイ，N：ネパール

アレロパシー研究の文献
Bansal, G. L. et al.: *Proc. of 8th APWSS*, 325-327, 1981.
Bhowmile, P. C., Doll, J. D.: *Proc. North Central Weed Control Conference 1979*, **34**, 43-45, 1980.
Bieber, G. L., Hoveland, C. S.: *Agrn. J.*, **60**, 185-188, 1968.
Hale, M.: *Plant Physiology*, **69**(4), supplement 23, 1985.
伊藤操子：第7回日本雑草学会シンポ講演要旨（日本雑草学会編），pp. 17-35, 1985.
Kobayashi, A. et al.: *J. Chemical Ecology*, **6**, 119-131, 1980.
Numata, M.: Biology and Ecology of Weeds (Holzner, W., Numata, M. eds.), pp. 169-173, Junk, 1982.
Priester, D. S., Pennington, M. T.: *U. S. For. Ser. Res. Pap.* **SE-182**, 1978.

落を形成するチガヤは，④の優占種でもある．そしてチガヤからはクマル酸などの他感物質が同定されている．

このように二次遷移初期の草本期優占雑草の約40％には，なんらかの他感物質が認められている．しかしながら上述の例だけでは，他感物質が要因となって遷移を積極的に退行させているという明確な証拠にはなりえない．たとえば他感物質が植物体から排出されても，わが国のように降水量の多い地域では，その効果がはっきりしない場合も多いであろう．一方，降水量の少ない地域では，他感物質が雨水によって洗い流されることが少ないから他感作用も出現しやすいようだ．

遷移進行の阻害に他感作用が関与している事例として，米国オクラホマ州のプレーリー地帯にある耕作放棄地の二次遷移に関する研究がある（Rice, 1984）．この耕作放棄地で初期に優占する一年生雑草はほどなくして貧弱なマツバシバに遷移し，しかもその優占期が長く続くことにRiceは注目した．彼は実験の結果，初期に優占する雑草は一様に，自身およびその期の他種の芽生えの成長を抑制するフェノール化合物を生産していることをつきとめた．しかしながらこの物質は，次に優占種となるマツバシバにはきかない．その一方，マツバシバはレモングラスなど3番目に優占する種にとっては不適な貧栄養条件下でも十分生育できるので，長期間優占しつづけるという．さらにマツバシバは空中放電以外の，空中窒素を固定するはたらきを阻害するため，レモングラスなどの侵入が遅れるという．

● b. 群落動態にかかわる他感作用研究の課題

遷移の要因として他感作用をとりあげる場合に注意しなければならないことは，ある植物に他感物質が含まれていても，それが野外で隣接する植物に影響を与えているとはかぎらないことである．光，水，栄養塩に対する供与植物と受容植物間の相互作用と他感作用を完全に分離した条件下で，しかも野外に放出された他感物質に相当する量で受容植物に影響がみられたとき，初めて他感作用がはたらいていたといえよう．

しかしながら，他感物質の量が野外のレベルでは有効に作用しない場合でも，ほかの要因との複合効果というかたちで遷移にかかわってくることは十分考えられる（中村・根本，1994）．たとえば陽性植物は優占種による庇蔭条件

下では芽生えの成長がきわめて不健全だから,ある特定の他感物質に対して感受性の高い受容植物では,その健全個体では枯死しえない低濃度でも,強く影響を受け枯死することは十分考えられる.

他感作用物質のほとんどが根→土壌→根のかたちで伝搬(笠毛,1978)することから,他感作用を実証するためには以下の①〜⑥に十分注意する必要がある.

① どのような間隔で,どれくらいの濃度の他感物質が土壌に付加されるか.
② 土壌コロイドによる他感物質の結合はあるのか.
③ 土壌中に存在する腐植による他感物質の不活性化はどの程度か.
④ 他感物質の土壌中での移動速度はどの程度か.
⑤ 他感物質の土壌中での濃縮効果はあるのか.
⑥ 微生物などによって分解されやすいか.

5.6 草地と非農耕地の雑草群落

種を播いたり苗を植えつけたりして育てる作物,あるいはなんらかの目的で利用管理の対象となる植物に対して,侵入雑草の立場は人間の影響力が弱くなるほど多様化する.また生態系が自然生態系に近くなるほど,侵入してくる雑草の種数が増加する傾向にあるし,それらの生態的特性もさまざまである(根本,1986).したがってこのような立地の雑草を扱う場合は,当該雑草の生態的な特性の解明と同時に,それらが生態系の一員としてどのような位置を占めているのか十分把握する必要がある.以下にこれまで筆者が研究フィールドとしてきた草地と非農耕地の雑草群落の動態についてみていこう.

● a. 人工草地の雑草群落動態

狭義の草地(grassland)とはイネ科植物(grass)の密生する植生を指す.現在わが国の草地の大半は,土地を耕起し,牧草を播種して造成,刈り取りあるいは放牧利用と施肥によって管理される人工草地である.このような人工草地の造成初期に侵入してくるのはハコベ,スズメノカタビラ,イヌビエ,メヒシバなど一年生で好窒素性の耕地雑草である.人工草地は水田や畑地のように

毎年耕起することはなく，管理も粗放なため，一年生雑草に続いて管理が適切な場合でも徐々に多年生雑草が増加，その後はかなり安定した状態が続く．しかし管理が不適切だと造成後5〜10年で草地土壌の酸性化と荒廃が進み，ヒメスイバやスギナなどが目立ってくる．さらに不適切な管理が続けばススキ，ワラビ，サルトリイバラなど，半自然草地に特有な雑草が増加してくる．

ところでコナスビ，カタバミ，ニガナ，ムラサキサギゴケなどは，通常の刈り取り条件下では牧草と空間的・時間的に棲み分けて生活が可能である．そこで侵入してくる雑草はこのような小型雑草と，草高が牧草と同じかそれ以上に伸長する大型雑草に分けることができた（根本・神田，1976；Nemoto et al., 1977；Nemoto, 1982）．前者は有毒草やトゲ植物を除けば草地管理上問題にならないが，後者は牧草と競合関係にあり，牧草収量を低めることが多い．これらの大型雑草は刈り取りに対する反応の違いから，3つのタイプに分けることができた（根本，1979）．

タイプ1はヒメジョオンなどの越年生草で，地表面から約4cmの高さで刈り取った場合，ただちに側枝を形成，耐陰性を有するため，周囲の牧草が再生してきても生育が可能である．そして弱小個体においても開花がみられ，次代のための種子生産を行った後に枯死する．

タイプ2はヨモギなど地下茎を形成する多年生草である．このタイプの雑草は，刈り取り後に側枝を形成し，地下茎を伸ばして再生してくるが，草地内では周囲の牧草による庇蔭によって成長が抑制され，刈り取り回数が多くなると衰えていく．

そしてエゾノギシギシがタイプ3である．エゾノギシギシは刈り取り後の再生が旺盛なだけでなく，刈り取りを中止して3年間放置した場合でも消滅することがなかった．そのため，わが国の人工草地の最強害草となっている．このエゾノギシギシは生態的に防除が可能であろうか．

多くの調査や実験の結果，陣地強化-拡大型の戦術をとるリードカナリーグラスという牧草を導入することで，徐々にではあるがエゾノギシギシが消滅していくことがわかった（根本，1986）．エゾノギシギシの出現頻度が高い草地に形成されたリードカナリーグラス優占群落内のギャップでは，エゾノギシギシはギャップの中心部に近い個体ほど徒長し，茎は細く，1株あたりの茎数は少なかった．それでも葉を立ち上げて受光体勢をよくしリードカナリーグラス

に立ち向かうが，競争に負け枯死するものも多かった．また地表面付近で乾燥傾向が続けば，リードカナリーグラスのルートマットと集積したリターによって，エゾノギシギシの種子発芽が著しく阻害されることがわかった．エゾノギシギシは侵入・定着した大株を除去するというよりは，エゾノギシギシが定着できるようなギャップの形成を抑制することによって生態的に防除することが可能となる．

b. 放牧利用と雑草群落

　上述の人工草地のほかにもわずかではあるが，わが国在来のススキ，シバ，ネザサ，コウライシバなどを飼草として利用する半自然草地がある．このような半自然草地では，利用管理の対象となる植物以外は雑草（広義）とみなすことができる．ところで放牧地では放牧家畜の行動様式，放牧密度，年齢が草の食われ方に反映されるうえ，家畜糞の周辺では家畜が喫食しない不食過繁地が形成されるなど，採草地のように均一な利用は期待できない．筆者らは沖縄県与那国島の石灰石段丘上の放牧地（北牧場）で雑草群落の動態調査を行ってきた．北牧場はコウライシバ優占草地であるが，海岸に面しているため潮害を受ける．そのため海岸前縁部はコウライシバのほか，耐塩性雑草のタマテンツキ，シマニシキソウがみられるものの，構成種数が非常に少ない．ところが50 m以上海岸線より離れるとカタバミ，スズメノコビエ，ツボクサが出現，200 m以上内陸になればオキナワミチシバ，チガヤ，ハマゴウらが目立ってくる．さらに300 m以上進めば農地周辺で普通にみられるオオアレチノギク，チチコグサなども出現した．

　上記のコウライシバ優占群落は黒毛和牛や与那国馬の放牧下で成立したものであり，保護柵を設けて牛馬による喫食や踏みつけがないようにすると，海岸線より150～200 m付近までチガヤの生育が旺盛となった．そしてチガヤ優占群落の中ではコウライシバやヘンリーメヒシバなどの小型雑草は覆われてしまった．この事実から，北牧場ではチガヤがよく喫食されていたことが判明した．しかし潮の影響が大きい海岸前縁部まで分布することはなく，そこは撹乱条件下でも生存可能なストレス耐性種のみであった．

　世界各地の半乾燥地では，過放牧による土地の砂漠化（裸地化）が深刻である．このようなところでも雑草の種類や放牧される家畜の違いで喫食率が著し

く異なる．砂漠化が進行している中国東北部の半乾燥地帯に広がる砂丘の草地で行った調査によれば，土地の砂漠化は砂丘上で一様に進行しているわけではないことが判明した（根本ほか，1992）．

当地の砂丘は，土壌水分条件の違いによって植生の棲み分けがみられる（図5.11）．20年以上放牧を禁止していた砂丘（No.2）は全面が土地固有の植生によって覆われているが，砂丘上部は *Artemisia halodendron* が，下部では *Calamagrostis pseudophragmites* がそれぞれ優占した．一方，過放牧によって裸地化の進行している No.1 地点の砂丘では，上，中部にパッチ状にわずかながら家畜の嗜好性に劣る *A. halodendron* が残っていた．また中部のパッチの中には，マメ科で家畜の嗜好性がきわめて高い *Astragalus adsurgens* が *A.*

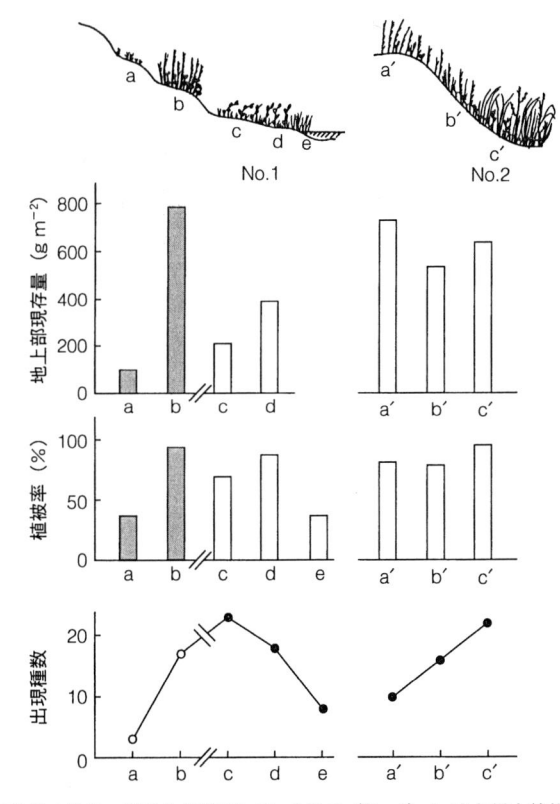

図 5.11 過放牧の結果，裸地化が進行している砂丘（No.1）と20年以上禁牧している砂丘（No.2）の地形断面ならびに現存量，植被率，出現種数の変化（根本ほか，1992）
a（上部），b（中部）地点の値はパッチ状に分布する植生を中心に，それぞれが 1 m², 25 m² の枠を設定し測定したものである．

halodendron に保護されるようにして残存した．このように裸地化の進んでいる砂丘でも，下部はかなりの植生によって覆われていた．しかしその優占種はいずれも嗜好性に劣る *Senecio argunensis* や *Carex* の仲間であった．No.1地点のようにわずかでも植生が残っていれば，禁牧することで砂漠化を免れるであろう，しかし完全に植生が失われると，砂丘が流動化し植生の回復は非常に困難となることがわかった．

c. 非農耕地の雑草群落

農耕地の中を流れる農村域の小河川の土手や水田畦畔など，非農耕地の雑草も農作業によるさまざまな影響を受けている．農耕や畜産にともなう土壌の富栄養化は，耕地水系に沿って分布する小河川周辺の雑草群落にも影響を及ぼしている．スギ植林地を水源にする筑波山麓の小河川の上流部から，それが本流と合流する地点までの雑草群落調査によって，この河川では土壌中に蓄積した窒素と炭素含量に呼応して，いくつかの群落タイプに分けることができた（大塚ほか，1997）．

上流部の土壌中の窒素と炭素含量は少なく，メヒシバやイヌタデが優占するものの，ツリフネソウ，ウワバミソウなど半自然的要素の強い雑草も多く，多様性の高い群落を形成していた．水田域を流れる中流部は土壌中の窒素と炭素の含量が上流部の5倍以上となり，ミゾソバやカナムグラなど好窒素性の一年生雑草が優占する多様性の低い群落であった．中流部付近には豚糞堆積場があり，そこの窒素と炭素含量は中流部のさらに2倍程度でシロザが純群落を形成した．水田に施用した化学肥料や豚糞堆積場由来の有機物によって中流部の河川周辺土壌が富栄養化したため，特定の好窒素性雑草が寡占したのであろう．下流部は護岸がコンクリート壁のため土壌が堆積していたのは中州だけであり，そこにはクサヨシを優占種とする雑草群落が形成された．中州はときに冠水することから，土壌中の栄養塩にもまして，地下茎による再生力が旺盛で攪乱圧に強く，耐湿性のあるクサヨシが優占したのであろう．

農村域の非農耕地は富栄養化だけでなく，除草剤の連用による影響も強く受けている．近年，中国においても水稲生産は化学肥料の施用と農薬の散布によって行われるのが一般的である．そこで，中国浙江省の谷戸田で慣行農法区のほかに有機肥料と草刈りによる伝統的農法区を設け，両者の雑草群落を比較し

た（大塚・根本，2005）．その結果，水田内だけでなく，畦斜面などの非農耕地においても両者で違いが認められた．刈り取り管理される伝統的農法区の畦斜面は慣行農法区と比べ出現数が多く，一年生雑草の割合が小さかった．慣行農法区では除草剤の散布によって一時的に大きな裸地がつくられるため，初期成長の早い一年生雑草が増加してくるのであろう．

　作物が存在する農耕地内では，用いる除草剤の選択性や残効性の違いによって，すべての雑草が消失するのではなく，残存するものもでてくる．しかし非農耕地においては除草剤の処理対象が多年生草本期の雑草群落であることが多く，また作物が存在しないから，種類，薬量ともかなり強度な施用が行われることが多い．そのためたとえばセイタカアワダチソウ優占群落でさえ，非選択除草剤を処理し，その効果がある場合は，次年度は再び遷移の初期まで戻り，

コラム5　遷移度

　遷移が進行すれば木本類をはじめ寿命の長い種が増え，逆に退行すると一年生草が増えることが経験的事実としてよく知られている．そこで，沼田（1961）は群落構成種の生存年限にもとづいた「遷移度（degree of succession：DS）」という物差しによって当該群落の遷移上の位置づけを試みた．すなわち，

　　遷移度：$DS = \sum dl/nv$　　　ここで，
　　　d＝出現種の相対的な被度と草高から求めた優占度
　　　l＝生存年限　ただし MM, M=100, N=50, Ch, H. G.=10, Th=1 とする（MM：大型および中型地上植物，M：小型地上植物，N：矮型地上植物，Ch：地表植物，H：半地中植物，G：地中植物，Th：一年生植物）．
　　　n＝調査面積内に出現した種数
　　　v＝植被率（100％を1とする）

たとえば，同じくススキの優占する種子少産型多年生草本期でも，灌木や多くの多年生草本を含む多様性に富むものから，貧弱な群落までさまざまであり，遷移度にはかなりの幅がある．木本植物が侵入して遷移度が増大すれば，それだけススキの現存量は減少，一方，過度の採草利用は遷移度を減少し，ススキの勢力を減じるだけでなく，一年生雑草の侵入をまねく．このように遷移度は草地の利用管理の状況をある程度反映するので，草地状態診断の指標としても有効である．また遷移度は生活型組成に基礎をおいているので，フロラの異なる地域間の比較も可能である．

アキノエノコログサなどの一年生雑草が優占するようになる（伊藤, 1982）.

[根本正之]

文　　献

Belyea, L. R., Lancaster, J.: *Oikos*, **86**, 401-416, 1999.
Clements, F. E.: Plant Succession, Publication Number 242, The Carnegie Institution, Washington, 1916.
Connell, J. H., Slatyer, R. O.: *American Naturalist*, **111**, 1119-1144, 1977.
Engler, F. E.: *Vegetatio*, **4**, 412-417, 1954.
Facelli, J. M., Facelli, E.: *Oecology*, **95**, 277, 1993.
Gleason, H. A.: *Bulletin of the Torrey Botany Club*, **44**, 463-481, 1917.
Grime, J. P.: Plant Strategies and Vegetation Processes, pp. 147-156, John Wiley and Sons, 1979.
Grime, J. P.: Plant Strategies, Vegetation Processes, and Ecosystem Properties, pp. 238-256, John Wiley and Sons, 2001.
Gimingham, C. H.: *J. Ecology*, **39**, 396-406, 1951.
林　一六：植物生態学——基礎と応用, 古今書院, pp. 41-73, 2003.
堀川芳雄・宮脇　昭：日本生態学会誌, **4**, 79-88, 1954.
伊藤操子：雑草研究, **27**, 162-176, 1982.
笠毛邦弘：環境植物学（田崎忠良編著）, pp. 193-206, 朝倉書店, 1978.
小池一正：東北大農研報, **24**, 95-108, 1972.
Margalef, R.: Perspective in Ecological Theory, Univ. of Chicago Press, 1968.
中村直紀・根本正之：雑草研究, **39** (1), 27-33, 1994.
中西　哲：植物生態学講座2　群落の組成と構造（伊藤秀三編）, pp. 193-251, 朝倉書店, 1977.
根本正之：雑草研究, **24**, 12-18, 1979.
Nemoto, M.: Biology and Ecology of Weeds (Holzner, W., Numata, M. eds.), pp. 395-401, Junk, 1982.
根本正之：雑草研究, **31** (3), 244-251, 1986.
根本正之：植物間相互作用に関与する化学物質——アレロパシー研究の現状と文献解題, pp. 62-71, 農水省農業環境技術研究所, 1989.
根本正之：雑草の自然史——たくましさの生態学（山口裕文編著）, pp. 62-75, 北大図書刊行会, 1997.
根本正之：雑草研究, **43** (3), 175-180, 1998.
根本正之：雑草科学実験法（日本雑草学会編）, 63-75, 日本雑草学会, 2001.
根本正之・神田巳季男：東北大農研報, **27** (2), 69-88, 1976.
根本正之・是永博基・山中良忠：雑草研究, **37** (1), 41-50, 1992.
根本正之・桝田信彌・吉澤　健：環境情報科学, **19** (1), 65-68, 1990.
Nemoto, M., Mitchley, J.: Proceeding (1) of 15 th APWSS Conference, 394-399, 1995.
Nemoto, M., Numata, M., Kanda, M.: Proceedings of 6 th APWSS Conference, II, 614-622, 1977.

文　献

根本正之・大黒俊哉・徐　斌・趙　哈林：日草誌, **38** (1), 44-52, 1992.
根本正之ほか：農業環境情報, **8**, 27-28, 1992.
沼田　眞：千葉大学文理紀要, **1**, 221-231, 1955.
沼田　眞：生物科学, **9**, 3-11, 1957.
沼田　眞：生物科学, **13** (4), 146-152, 1961.
沼田　眞：植物生態学講座 4　群落の遷移とその機構（沼田　眞編), pp. 257-265, 朝倉書店, 1977.
Odum, E. P.: *Science*, **164**, 262-270, 1969.
大黒俊哉・松尾和人・根本正之：日本生態学会誌, **46**, 245-256, 1996.
大塚広夫・根本正之：環境情報科学, **19**, 383-388, 2005.
大塚俊之・根本正之：雑草研究, **42** (2), 107-114, 1997.
Raunkiaer, C.: The Life-forms of Plants and Statistical Plant Geography, Oxford, 1934.
Rice, E. L.: Allelopathy, pp. 206-231, Academic Press, 1984.
Tansley, A. G.: *Ecology*, **16**, 284-307, 1935.
Watt, A. S.: *Journal of Ecology*, **35**, 1-22, 1947.
Yamagata, Y., Nemoto, M.: Ecological Processes in Agro-ecosystem (Shiyomi, M. *et al.*), pp. 47-54, Yokendo Publishers (Tokyo), 1992.
山本進一：生態学事典（巌佐　庸ほか編), pp. 112-114, 共立出版, 2003.
矢野悟道：植物と自然, **5** (8), 12-16, 1971.

6章　帰化植物の侵入と生態系の攪乱

　元来その国に存在しなかったものの，人為的に他国から持ちこまれ，人の意図とはかかわりなしに野外で自力で繁殖できるようになった植物が帰化植物（naturalized plants）である．すなわち，「人力によって，意識的にせよ，無意識的にせよ，一つの植物が本来の生育地から，そのものが自生していない新しい地域にもたらされて，野生化して繁殖し，その植物の歴史を知らなければその土地本来の自生種と一見区別のつかないようになっている状態をいう」（小倉，1968）などと定義されている．日本で「帰化植物」の語を最初に用いたのは，東京大学の前身，東京理科大学の大久保三郎助教授で1888年とされている（久内，1953；淺井，1993）．「帰化」の代わりに，「馴化」，「野化」，「移入」，「侵入」の用語も用いられ，近年は生物多様性条約の「指針原則」に準拠して，「外来植物（種）alien plants (species)」の用語が「過去あるいは現在の自然分布域外に導入（人為によって直接的・間接的に自然分布域外に移動させること）された種，亜種，あるいはそれ以下の分類群」の意味で用いられている．「外来種」を用いる立場からは「帰化という概念は人間社会ですでに制度化された言葉で，これを生物に用いることで無用の混乱を招くことから用いるべきではない」との観点から「国内外来種」との用語も提案されている．「外来植物（種）」には栽培植物（種）も含まれること，「帰化植物」には前述のように植物学的に定義され，一般的にも定着していることから，本章では主に「帰化植物」の用語を用いる．

　帰化植物の中で農業，生活や景観などの人間活動に悪影響を及ぼすものを帰化雑草（naturalized weeds，または外来雑草 alien weeds）とする（森田，1990）．「元来，その環境にはなかった種であるので，日本の生態系のどのような位置に侵入しても悪影響を及ぼす」という考えに立てば，「帰化植物＝帰化雑草」となるが，農耕地など具体的な場での影響を考慮する場合には，雑草と

しての状況を個別に判断することになる．

6.1 日本における植物の記録と「帰化」の把握

　上記の帰化植物の定義での「本来の生育地」と「新しい地域」は，通常「国」という行政的な単位としてとらえられる．それぞれの国が近接していたり，陸続きの場合には「本来の生育地」と「新しい地域」での植物の分布が「人力による」ものなのかどうかの判定は非常に困難になる．20世紀の中期には台湾や朝鮮半島をはじめとする地域やサハリンを領土としたことがあり，千島列島に関しては現在でも国境問題が解決していないという事情を抱えているものの，島国で陸続きの国境がない日本では，この点は国境を接した大陸の諸国に比べて明瞭である．

　日本では「その植物の歴史」が確実に把握されてきた．『古事記』，『日本書紀』や『風土記』，『万葉集』には多くの植物名が記録されており，そのほとんどが現在の植物名に比定されている．「打つ田に稗は数多にありといへど　択へし我ぞ夜ひとり宿る」（『万葉集』2476番）のヒエのように現在まで名称の変わっていない植物もあるが，「君がため山田の沢に恵具（エグ）採むと　雪消の水に裳の裾ぬれぬ」（『万葉集』1839番），「入間道の大家が原の伊波為都良（イハイヅラ）　引かばぬるぬる吾にな絶えそね」（『万葉集』3378番）のエグやイワイヅラのように，現在は使われていない名称もある．こうした場合でも，古語や方言名（八坂書房，2001）の検討を通して，エグはクログワイ，イワイヅラはスベリヒユと考えられるようになった（図6.1）．

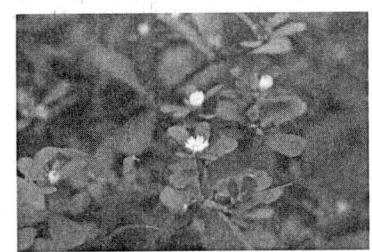

図 6.1　万葉集に記載された雑草
万葉集の「恵具（エグ）」にあたるとされる水田雑草クログワイ（左，中）と，万葉集の「イハイヅラ」にあたるとされる畑雑草スベリヒユ（右）．

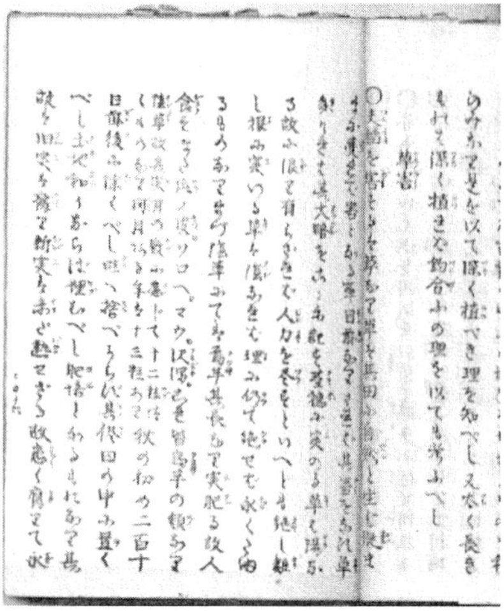

図 6.2 水田雑草名が記載されている 19 世紀初期の農書『農業餘話』

「水田に生える有害な植物」の意味で「雑草」の語が日本で初めて使われた，江戸時代の農書『農業餘話』(1828年)には，「瓜ノ皮，ソロヘ，マウ，沢瀉（ヲモダカ），牛ノ毛，杉菜（スギナ），根芹（ネゼリ），草稗（クサヒエ）」の雑草名がある．「マウ」についてはヒルムシロとする説があるもののよくわかっていないが，ほかはウリカワ，クログワイ，オモダカ，マツバイ，スギナ，セリ，ノビエに該当する（図6.2）．

江戸時代の1607（慶長12）年（1604年以前との説もある）に導入された，中国（明）の李時珍の著書『本草綱目』は，中国の薬物学すなわち「漢方」の集大成で，日本の医学，薬学，博物学などに非常に大きな影響を与えた（図6.3）．明治期はもちろん，現在でも薬用植物の情報として価値をもっている．『本草綱目』の導入にともなって，同書に記載された植物と日本の植物との異同を考証する目的で日本の植物が広範に調べられ，『重訂　本草綱目啓蒙』などに記録された．

江戸時代には，植物の渡来年代も記録されるようになる．1828（文政11）年に完成した『本草図譜』に，「補骨脂　ほこずし　をらんだびゆ」として図示されたマメ科のオランダビユ（*Psoralea corylifolia* L.）はインド原産の帰化植物である（久内，1950）が，「享保年中漢種渡る」と解説されている（図6.4）．享保年間は1716年から1735年までである．

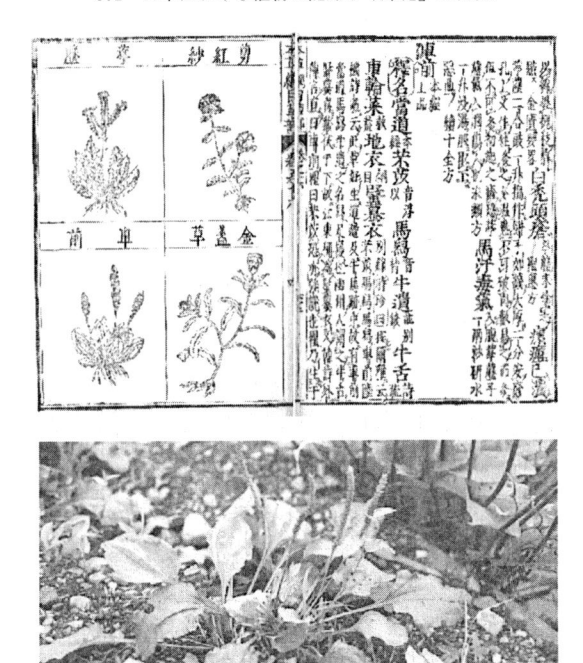

図 6.3 『本草綱目』和刻本でのオオバコ（車前）の記述（上）と東京都台東区上野公園のオオバコ（下）

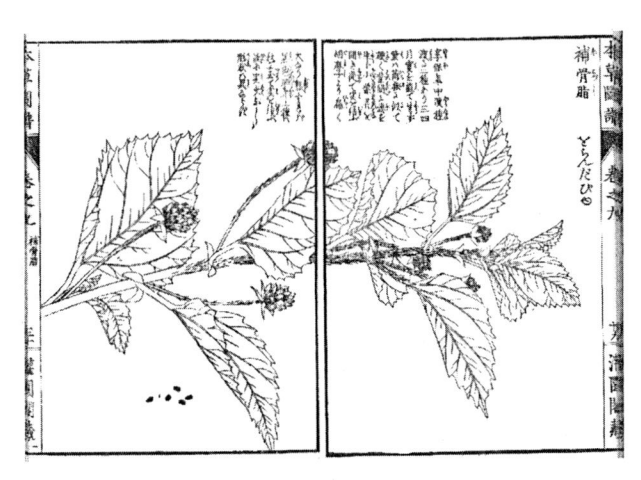

図 6.4 『本草図譜』のオランダビユ

江戸時代にはまた，鎖国政策によって「人力による意識的な植物の持ちこみ」が長崎の出島のみに限定されたものの，新しい植物は首都の江戸などで珍重され，記録された．シーボルト（Philip Franz von Siebold：1796-1866）やチュンベリー（Carl Peter Thunberg：1743-1828）などを通して，ヨーロッパの植物学が「蘭学」の一部として出島から日本各地に広がり，日本の植物相の記録も近代化された．

19世紀の中期以降，江戸から明治期になると諸外国から多くの事物が輸入され，それにともなって「人力による植物の持ちこみ」で異国風の植物，すなわち帰化植物が増加したときにも，蓄積された「植物の歴史」の知識によって，これらを「外国から来たもの」と判断することができたわけである．

6.2 侵入年代による帰化植物の区分

● a. 侵入年代と侵入種数の推移

2003年時点での日本の帰化植物は約1200種と見積もられている．これらは帰化の時代によって，「史前，旧，新」の帰化植物，あるいは「史前，古代，近世，現代」の帰化植物などに区分される．

前者での区分は以下のようである（長田，1976）．
① 史前帰化植物：弥生時代からイネの随伴植物として帰化した植物．
② 旧帰化植物：イネの導入の時期前後から江戸時代にかけてヨーロッパを含む地域から作物に随伴して帰化した植物．

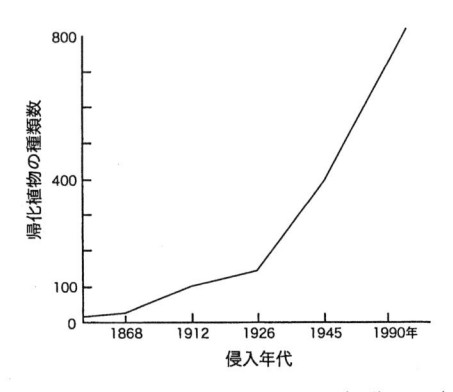

図 6.5 帰化植物種数の年代による推移（淺井，1993）

表 6.1 帰化植物に関する主要な出版物での収録種数

書　　名	著　　者	刊行年	収録種数	備　　考
雑草学・全	半澤洵	1910	43	久内(1950)による集計
日本に於ける帰化植物	平山常太郎	1918	82	
帰化植物	久内清孝	1950	294	
日本帰化植物図鑑	長田武正	1972	532	
原色日本帰化植物図鑑	長田武正	1976	403	
帰化植物—雑草の文化史—	長田武正・富士尭	1977	716	日本産帰化植物仮目録
雑草フロラをつくりあげる帰化植物(雑草の自然史)	榎本敬	1997	1195	日本への帰化植物一覧表
帰化植物便覧	太刀掛優	1998	1323	
日本帰化植物写真図鑑	清水矩宏・森田弘彦・広田伸七	2001	590	
日本の帰化植物	清水建美	2003	902	

基本的に「種」を単位として集計した.

　③新帰化植物：江戸時代末期から現代にかけて，帰化を記録によって確認できる植物．

また，後者では以下のように区分される（清水，2003）．

　①史前帰化植物：石器時代，縄文時代，弥生時代までの有史以前に帰化した植物．
　②古代帰化植物：日本の歴史が始まってから室町時代以前までに帰化し，渡来の記録の残されている植物．
　③近世帰化植物：日本へヨーロッパの文物と文化が直接渡来した戦国時代から，鎖国政策で制限した江戸時代末期までに帰化した植物．
　④現代帰化植物：江戸時代末期から現在までに帰化した植物．

　淺井（1993）は 1800 年代から 1990 年にかけての帰化植物の種類の増加傾向をとりまとめ，近年の傾向を「加速度的に増加している」とした（図 6.5）．

　収録された帰化植物について，資料により前述の帰化年代の区分を異にしているため厳密な数字ではないものの，日本における帰化植物に関する出版物での収録数の推移を概観しても同様の傾向を読み取ることができる（表 6.1）．

● **b. 帰化年代を調べる**

　個々の帰化種の帰化年代を知るためには，『植物渡来考』（白井，1929）をはじめとして，帰化植物に関する出版物の記録が有用である．日本に持ちこまれ

図 6.6　侵入年代と帰化記録のずれる例
戦後に増加したセイタカアワダチソウ（左）の初記録は 1920 年．1997 年に記録されたアメリカタカサブロウ（中）の初記録は 1948 年．1988 年に記録されたヒメアメリカアゼナ（右）の初記録は 1933 年．

た年代が記録されている場合には問題がないが，非意図的に持ちこまれた種で，実際に侵入した年代と「帰化種」として記録されるまでの時間は多様である．しかし，「新帰化植物」や「現代帰化植物」では，記録された年代を「侵入年代」とみなすことが一般的である．

　類似種と混同されていた種がさく葉標本の再検討などで新たな帰化種として記録される場合には，「侵入年代」と「帰化年代」に数十年のずれが起きる（図 6.6）．第二次世界大戦後に日本各地に広まったとされているセイタカアワダチソウ（*Soliago altissima* L.）は，1920 年に京都で採集されたさく葉標本が残されている（榎本，2005）．1988 年に帰化種として記録されたヒメアメリカアゼナ（*Lindernia anagalidea* Pennell）は，1933 年に最初に瀬戸内で採集され，1951 年には京都府で採集されていたが，長いあいだアメリカアゼナ（*L. dubia* Pennell）と識別されずにいた（山崎，1988）．アメリカタカサブロウ（*Eclipta alba* L.）は，日本産のタカサブロウ群を精査した結果として 1991 年に発表されたが，さく葉標本では 1948 年に確認されている（梅本，1997）．

　帰化植物の種について，侵入年代の検索には『外来種ハンドブック』（日本生態学会，2002）や『帰化植物便覧』（太刀掛，1998）が便利だが，侵入年代と拡散傾向などを解析する場合には，なるべく原資料を確認する必要がある．

● c.　在来の耕地雑草の多くが含まれる史前帰化植物

　文字による記録のない有史以前に，人類を介して本来の生育地域から異なった地域に意識的・無意識的に移入された植物を史前帰化植物（prehistoric

表 6.2 「前川説」での史前帰化植物のリスト (前川, 1943)

中国経由でヨーロッパから

スイバ	ミヤコグサ	ノゲシ
サナエタデ	カタバミ	ヂシバリ
コアカザ	トウダイグサ	ノニガナ
ミミナグサ	チドメグサ	スズメノチャヒキ
ノミノツヅリ	キュウリグサ	ヌカボ
ウシハコベ	ホトケノザ	コヌカグサ
ハコベ	サギゴケ	スズメノテッポウ
タガラシ	オオバコ	カラスムギ
ナズナ	ヤエムグラ	スズメノカタビラ
タネツケバナ	ホソバノヨツバムグラ	タチイチゴツナギ
コイヌガラシ	ハハコグサ	カニツリグサ
グンバイナズナ	キツネアザミ	カモジグサ

南方熱帯から水田稲作に随伴

カナムグラ	ムシクサ	ネズミノオ
イヌタデ	ヨモギ	メヒシバ
ボントクタデ	クソニンジン	アキメヒシバ
イシミカワ	タウコギ	ハタガヤ
ミチヤナギ	トキンソウ	アオスゲ
イヌビユ	タカサブロウ	クグガヤツリ
ザクロソウ	アキノノゲシ	タマガヤツリ
クルマバザクロソウ	アキノハハコグサ	ミズハナビ
ツルナ	オナモミ	コアゼガヤツリ
スベリヒユ	メナモミ	コゴメガヤツリ
ミチバタガラシ	コメナモミ	カヤツリグサ
クサネム	カズノコグサ	ハマスゲ
タヌキマメ	ギョウギシバ	ミズガヤツリ
メドハギ	カリマタガヤ	テンツキ
エノキグサ	イヌビエ	ヒデリコ
ニシキソウ	オヒシバ	アゼテンツキ
コミカンソウ	カゼクサ	マツバイ
ヒメミカンソウ	スズメガヤ	ヒメクグ
キカシグサ	ニワホコリ	ヒンジガヤツリ
ミズキンバイ	チガヤ	カワラスガナ
チョウジタデ	ヌカキビ	ホシクサ
イヌホウズキ	チカラシバ	ツユクサ
スズメノトウガラシ	イタチガヤ	イボクサ
アゼトウガラシ	ヌメリグサ	コナギ
アゼナ	ハイヌメリ	イ
ウリクサ	エノコログサ	コウガイゼキショウ
キクモ	キンエノコロ	クサイ

中国から蘿類などに随伴

ヒガンバナ	ツルボ	ヤブカンゾウ
フジバカマ	コモチマンネングサ	

和名は現代仮名づかいに改めた.

naturalized plant）という．日本在来とされる雑草種の多くは史前帰化植物に属すと考えられる．前川（1943）は，軍隊生活を過ごした中部中国での植物を観察して史前帰化植物の概念に到達し，以下の群を想定した（表6.2）．

① ヨーロッパのフロラに普通の越年生草本で，本邦内地の農耕地域に生じるものの一部：有史時代の初期あるいはそれ以降に日本人が大陸文化と接触したことから中国大陸を介して入った帰化植物．

② 南方熱帯のイネ栽培地方に普遍的な一年生草本で，本邦内地で主として水田に随伴して生じるものの一部：石器時代あるいはこれに前後した時代に米作を以て生活の根拠とした古代人類が日本列島に入った際に導入した帰化植物．

③ 中国大陸に自生し，本邦内地では農耕地域の林野のみに普通な強靭な生活力を有する多年生草本の一部：古く食糧資源として竹類，藷類，薯類を移入した際に随伴してきた帰化植物．

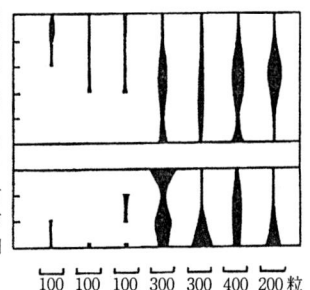

図 6.7 水田雑草の考古学的検討——人間にかかわりあう植物のグループ別にみた遺跡出土種粒数（±1 kg）の時代別変遷（笠原，1982）

前川の史前帰化植物の概念は，実証的なデータをともなわない状況証拠から導かれたため，有史以前の帰化については個別に検討する必要性が指摘されてきた（清水，2003）．笠原（1982）は，西日本を中心とした縄文・弥生時代の水田などの遺跡に含まれる雑草の種子を同定し，「史前帰化植物」を考古学的手法で検討した（図6.7）．岡山県中北部の遺跡からの出土種子を年代別に比較した結果，縄文後期には人里植物（畑雑草）のイヌホオズキ，カタバミ，タデ類，カラムシが存在し，水田雑草に属する種はホタルイとヤナギタデのみであったが，水田が導入されたとみられる弥生中・後期には水田雑草の種子が増加し，コナギ，スブタ，イバラモ，オモダカの種子が認められる．また，日本最古級の水田集落である福岡県福岡市の板付遺跡では，縄文晩期の最下層からは，コナギ，オモダカ，ホタルイ，ハリイ，ミズアオイ，イヌノヒゲ，ノミノフスマ，チドメグサ，コゴメガヤツリ，ヒメクグの雑草種の種子が出土したが，その直下層からはコゴメガヤツリとミクリのみが出土した（笠原，1982）．出土種子の変化が農耕技術の導入にともなう史前帰化植物の侵入を反映している，とするものである．

d. 新（現代）帰化植物の侵入経路

　新帰化植物あるいは現代帰化植物に限ってみると，第二次世界大戦後から高度経済成長時代を経て，日本に侵入した帰化植物の種数は，それ以前の時期に比べると著しく増加した．高度経済成長時代には，輸入物資に混入して港湾，繊維工場（羊毛）や豆腐工場（大豆）などの周辺および人間の往来の激しい都市で定着・増殖し，そこから農地に拡大する帰化植物が多かった．その後，家畜飼料など農業資材の輸入が増大するにつれ，ショクヨウガヤツリ（キハマスゲ *Cyperus esculentus* L.）のように輸入飼料に混入した種子によって農地に

図 6.8　輸入飼料に混入する雑草種子（清水矩宏氏提供）

(a) ショクヨウガヤツリ

(b) イチビ

図 6.9 帰化雑草相の共通するイタリア(左)と日本(右)の飼料畑

直接帰化して雑草化する植物が増加した(図6.8).その結果として,アメリカ大陸から飼料を輸入する国では共通した帰化雑草が見られるようになった(図6.9).

これらに加えて1990年代以降には,輸入園芸資材や鑑賞魚用水草からの帰化が増加しており,帰化植物の侵入経路はさらに多様化している.

(1) 輸入園芸資材

近年,東南アジアなどから輸入される「ココピート」などの園芸用の培土や資材に混入して,花壇や園芸用コンテナーに出現する帰化植物が知られるようになった.カッコウアザミ(*Ageratum conyzoides* L.),ナガエコミカンソウ(*Phyllanthus tenellus* Roxb.),ノジアオイ(*Melochia corchorifolia* L.),アフリカフウチョウソウ(*Cleome rutidosperma* DC.),マルバツユクサ(*Commelina benghalensis* L.),タマザキフタバムグラ(*Hedyotis corymbosa*)などがこうした経路で侵入している(図6.10).また,オセアニアやヨーロッパから輸入されている園芸資材であるミズゴケからはコゴメイなどのイ属の植物(*Juncus* spp.)が侵入しているが,正確な種の同定が困難な状態にある(図

図 6.10 園芸資材に混入したと考えられる帰化植物
ナガエコミカンソウ（左）と，アフリカフウチョウソウ（右）．

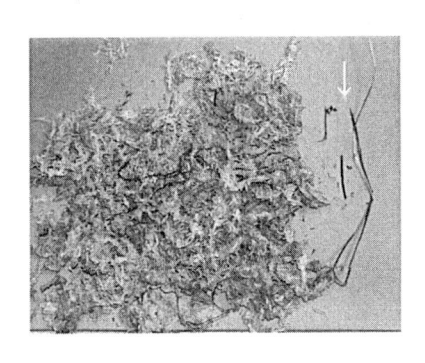

図 6.11 植物体の断片（矢印）を含む輸入ミズゴケ（左）とそれとの関連が推定されるコゴメイ（右）

6.11)．

(2) アクアリウム用水草

　海外から輸入されて熱帯魚飼育用水槽（アクアリウム）に用いられる水草は300種以上に達しており，確実に帰化植物の供給源になっている．ホテイアオイ（*Eichhornia crassipes* Solms-Laub.），キシュウスズメノヒエ（*Paspalum disticum* L.），ボタンウキクサ（*Pistia statiotes* L.）などをはじめとして多数の水草が各地で増加しており，それらの多くは熱帯魚などの水草から逸出・帰化したと考えられている．食虫植物である水草のオオバナイトタヌキモ（*Utricularia gibba* L.）が，在来種の絶滅した場所や本来の分布域以外の場所で見いだされ，外来種のモウセンゴケの仲間（*Drosera* spp.）が水湿地を中心に帰化しているのが認められるようになった．食虫植物には絶滅危惧植物も多

いことから，帰化種の増加は水湿地における生物多様性の維持に重大な影響を及ぼすことになる．

特定外来生物に指定されたミズヒマワリ（*Gymnocoronis spilanthoides* DC.）はこうした水草から逸出・帰化した事例であるが，水草栽培書には「……本来強光を好むが，強光や高濃度の肥料では，水槽からはみ出してしまうほど丈夫で生長が早い．そこで，むしろ弱光，低濃度の肥料で育てるほうが，長く水中にとどまらせることができる」とある（山崎・桜井，2000）．小さな水槽内で育成する場合に比べて，戸外の水系では格段に大きくなることに留意し，これらの外来水草を戸外に放つことは厳に戒めなければならない．

(3) ワイルドフラワー

海外の野生に近い植物の種子を播種して育成し，観賞に供することが行われており，これらの素材となる植物が「ワイルドフラワー」とよばれている．「これまで園芸用草花として栽培されてきたものの中で，種子等によって容易に繁殖でき，やせ地，放植にも耐え，美しい花を開花させるものの総称」（道路緑化保全協会関東支部自主調査委員会，1990）としてのワイルドフラワーが，道路法面の「美化」・「緑化」の目的で栽植，播種されてきた．さらにその範囲を超え，海外の野草や雑草の種子を直接屋外に播種することも行われるようになった．オオキンケイギク（*Coreopsis lanceolata* L.）やハナツルボラン（*Asphodelus fistulosus*）など，この経路による帰化が知られている（図 6.12）．

また，道路法面の緑化を目的に，ヨモギの仲間やコマツナギなど日本に存在

図 6.12　ワイルドフラワーから逸出したと考えられる帰化植物，オオキンケイギク

する植物の種子が中国などから輸入されており，在来の個体群と遺伝的・生態的背景を異にする個体群が蔓延する要因となっている．

6.3 帰化植物の生態的特性と農耕地での雑草化を促す要因

● a. 帰化植物の生態的特性

　帰化植物は，人間活動によって攪乱された土地に在来の植物より早く侵入して定着できる特徴をもっている．帰化植物の生態的特性には，雑草の生物学的特性（河野，1975）がほぼあてはまることが指摘されている（沼田，1975）．榎本は，それぞれの項目について帰化植物の具体的特性を検討し，適否の事例をあげている（榎本，1997）（表6.3）．

　木本の帰化植物種の少ない点は，南半球でほぼ日本列島に相当する緯度圏に属する東部オーストラリアの帰化植物相との比較から，日本での著しい特徴と指摘された（Auld *et al.*, 2003）．生態的条件の広域的な比較検討を要する課題である．

　帰化植物が新たな環境で定着するためには，成長して種子や栄養繁殖器官を形成し，次世代を確実に残すことが必要である．花や栄養繁殖器官の形成には温度や日長条件が強く影響し，赤道近辺の日長の短い条件下に適応している種が高緯度の環境に侵入した場合には，繁殖器官の形成に必要な短日条件となる以前に寒冷のために死滅する．種子や栄養繁殖器官は日長条件を克服して，冬期間の低温や乾燥条件下で生存することが必要になる．熱帯・亜熱帯の強害雑草で，暖地に侵入しつつあるコヒメビエ（ワセビエ *Echinochloa colonum* Link）の場合，日本の夏季に十分に開花・結実をみたが，湿潤土壌中で1日3時間以上−5℃で凍結された種子はほとんど発芽力を失い，こうした条件下では定着しないものと推定された（森田，1999）（図6.13）．

● b. 帰化植物の農耕地での雑草化要因

　ホテイアオイ（*Eichhornia crassipes* Solms-Laub.）やボタンウキクサ（*Pistia stratiotes* L.）などの帰化植物は，水田地帯の水路を埋め尽くしてしばしば雑草として問題となるが，在来のヒシ（*Trapa japonica* Flerov）などでも同様の現象が起きる．史前帰化植物を含む在来の雑草と帰化雑草のあいだ

表 6.3 帰化植物の生態的特性

	帰化植物の生態的特性にあてはまる雑草の特性	該当する事例	該当しない事例
1	一般に一年生草本植物がその大半を占め，ときには多年生草本があるが，木本はほとんどみられない．		
2	種子から発芽後，幼植物の急激な成長がみられる．		
3	栄養生長期間がほとんどないか，あってもごく短く，すばやく生殖生長に転化する．	アメリカアゼナ	
4	生育期全体を通じて，ほとんど連続的な生殖生長，すなわち種子生産を行う．		セイタカアワダチソウ，オオマツヨイグサ
5	環境条件が好適な場合には，特におびただしい数の種子生産を行う．	セイタカアワダチソウ	
6	光環境が好適な限りにおいて，広い環境条件下で種子生産を行うことができる．最悪の場合でも，ほとんど何がしかの程度であれ，種子生産を行う．	ヒメムカシヨモギ	
7	多年生植物の場合は，きわめて著しい栄養繁殖を行う．特に，茎または稈の節などがもろく，ばらばらにはずれやすく，はずれた節からいずれも再生して，生長する性質を保有する．	オシロイバナ，セイタカアワダチソウ	
8	ロゼット葉を形成したり，極端な矮小化や，特異的な分泌物を排出したりして（他感作用），ほかの植物群に対しての特別な競争力を維持する．	セイタカアワダチソウ	
9	気候的ならびに土性的環境の変化に対して，きわめて著しい可塑性，または可塑的変異を示す．		
10	一般に好窒素性植物で，窒素レベルの変化にきわめて敏感に反応する．		メリケンカルカヤ
11	ほとんどすべてが，いわゆる陽性植物である．		ダンドボロギク，ベニバナボロギク，ハカタカラクサ
12	種子の散布と散布後の定着を確保する機構が顕著に発達する．		
13	種子発芽に対して，特異的な環境条件を要求しない．一年生草本において特に著しい．	セイヨウタンポポ，セイタカアワダチソウ，ハキダメギク	
14	種子の寿命は長く，条件によって不連続的に，断続的発芽を示す．種子の発芽習性は同調的に制御されていない．		セイタカアワダチソウ
15	自家和合性植物が多い．しかし，必ずしもすべてのものが本当の自花（または自家）受粉，または無配生殖を行うとは限らない．	ヒメジョオン，ヘラバヒメジョオン，セイヨウタンポポ	
16	異系交配（比較的縁の遠い系統のあいだの交配）の場合も，受粉を媒介する動物との特異的な相互関係に欠けるか，または風媒受粉であるものが多い．		

沼田 (1975), 榎本 (1997) に一部追加して作成

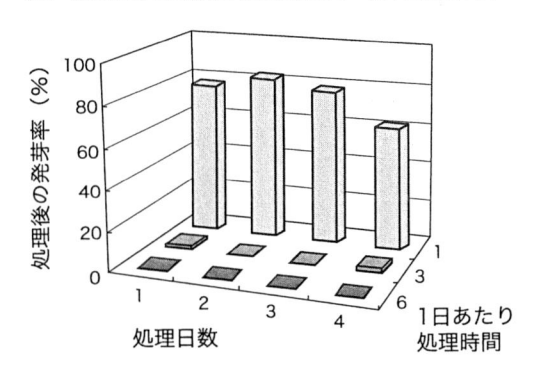

図 6.13　侵入帰化植物の定着：種子の生存
熊本県に侵入したコヒメビエ種子を 50% の土壌含水比，-5℃ で凍結した場合の発芽率（凍結後 25℃，20 日後の発芽率；森田，1996）．

で，雑草としての害の程度では基本的には差がない．帰化雑草では，①種の同定や生態・防除に関する情報が不十分であるため，農地に繁茂してから対応策がとられるまでに在来雑草より時間を要する，②農地や田園などでの伝統的景観を損なう，などの点が特に問題となる．

（1）作物の栽培管理条件

1980 年代に関東地方の飼料畑に侵入して帰化雑草となったショクヨウガヤツリ（キハマスゲ *Cyperus esculentus* L.）は，九州地方では 1990 年代に水田に発生して問題となった（図 6.14）．九州北部で 3 月下旬に塊茎を埋めこんでイネの作期と中干しの有無を組み合わせた条件下で，ショクヨウガヤツリ個体

図 6.14　水田に侵入したショクヨウガヤツリ

表 6.4 栽培管理条件の異なる水稲作でのショクヨウガヤツリの動態 (森田・中山, 1992 より作図)

	3月	4月			5月			6月			7月			8月			9月			10月		成熟期の雑草風乾重 (g)
	下	上	中	下	上	中	下	上	中	下	上	中	下	上	中	下	上	中	下	上	中	
早期栽培	100	耕起時 340			中干し→ 始～終期			46 126 48 62			出穂期→152 70			成熟期→194 94								96.4 58.4
早期・普通期の中間	100				530						8 18 36 8 8 8			40 12								10.4 0.4
普通期栽培	100							658			22 510 24 28			538 48			500 56					34.0 9.2

注) 数字は 1m^2 あたりのショクヨウガヤツリ個体数．網掛け部は湛水期間を示す．

数の変動が調べられた（表 6.4）．早期栽培から普通期栽培へと乾田期間が長くなるにしたがって，分株を生じて個体数を増加させるが，地上部を除去したうえで耕起・代掻き・移植を経て湛水条件となると，その後の発生は抑制され，その程度は早期と普通期の中間で大きい．また，1 週間程度の中干しは土中の塊茎の萌芽を促し，個体数を増加させるが，その程度は早期と普通期の中間で小さい．すなわち，母塊茎の貯蔵養分が消耗し，新しい塊茎の形成以前に相当する 5 月中旬移植の作期はショクヨウガヤツリの雑草化にとって不利な条件であることを示している．また，普通期栽培では個体数は増加するものの，イネに抑圧されて成長量が減少する．

すなわち，暖地の水稲栽培では，管理法によって生育が大きく影響されることから，ショクヨウガヤツリは生育・定着しやすい栽培管理法の水田で，より大きな雑草性を発揮することとなる．

（2）雑草防除手段との関係

キシュウスズメノヒエ（*Paspalum distichum* L.）は熱帯原産とされるイネ科の多年生植物で，1924 年に和歌山県で見いだされた帰化植物である．水湿地で旺盛に生育するため，1970 年代以降の水田の生産調整で暖地において飼料作物として試作されたこともある．九州地域においては，1970 年代から水田に侵入して有害な帰化雑草となった．水田では除草剤による雑草防除が主流であったが，イネの生育期間中に使用可能な，イネ科多年生雑草に有効な除草剤がなかったことから，九州地域での発生面積を急速に拡大した．約 10 年後には在来の水田雑草で除草剤による防除の最も困難なクログワイ（*Eleocharis kuroguwai* Ohwi）と同程度の発生面積比率を示すにいたった（図 6.15）．

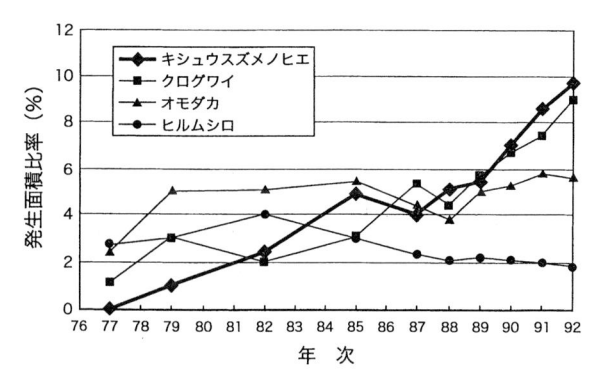

図 6.15 暖地水田におけるキシュウスズメノヒエの増加傾向
九州の水田におけるキシュウスズメノヒエと数種在来多年生雑草の発生面積比率の推移
(日本植物調節剤研究協会『九州地域除草剤普及適用性試験成績概要』より作成)

c. 景観に与える影響

景観など生態的環境に影響を与える雑草を環境雑草 (environmental weeds) という．その景観の自然度の高さに応じて，「有害」となる雑草の種

図 6.16 水田の伝統的景観を一変させる帰化植物
ノビエの優占する水田 (a) とアメリカセンダングサの侵入した水田 (b)．
水田雑草の在来種コナギ (c) と帰化種のアメリカコナギ (d)．

類が異なる．イネを栽培する水田では，イヌビエやタイヌビエなど在来の雑草種が生育する場合には大きな違和感を与えないが，アメリカセンダングサ（*Bidens frondosa* L.）やアメリカコナギ（*Heteranthera limosa* Willd.）が優占する場合には伝統的景観とは異なる景観となる（図 6.16）．

市街地や住宅地では，アラゲハンゴンソウ（*Rudbeckia hirta* L.）やタカサゴユリ（*Lilium formasanum* Wall.）など花卉から逸出した特定の帰化植物種を除去せずに意図的に放置することがある（図 6.17）．観賞用植物は，花壇など管理の施せる状態で育成することが重要である．

自然公園など自然度の高い景観においては，帰化植物の侵入は景観の質を大幅に低下させる．日光国立公園では景観を維持するために，侵入したオオハン

図 6.17 除草で意図的に残される帰化植物
草刈りで残されたアラゲハンゴンソウ（左）と，市街地を中心に増加しているタカサゴユリ（右）．

図 6.18 尾瀬ヶ原入り口の雑草持ち込み禁止表示

ゴンソウ（*Rudbeckia laciniata* L.）の除去に大きな労力が注がれている．国立公園や国定公園の特別保護地区では，環境大臣あるいは都道府県知事の許可を得ずに「木竹以外の植物を採取し，若しくは損傷し，又は落葉若しくは落枝を採取すること」および「……景観の維持に影響を及ぼすおそれがある行為で政令で定める……」事項が禁止されている．多くの観光客が訪れる自然公園の特別保護地区では，靴などに付着する雑草種子の持ちこみを防止する方策も試みられている（図6.18）．

6.4　帰化植物の法的規制——外来生物法

● a.　外来生物法の骨格と対象植物

意図的，非意図的に導入される生物が増加する中で，これらが有益な役割をもつ反面，既存の生態系に悪影響をもたらし，人に危険を及ぼしたり農林水産業に被害を及ぼす事例が問題となってきた．新・生物多様性国家戦略の決定（2002年3月）をもとに，2003年には中央環境審議会において環境大臣の諮問に対して「移入種対策に関する措置の在り方について」が答申された．この答申をもとに，「特定外来生物による生態系等に係る被害の防止に関する法律（略称：外来生物法）」（平成16年法律第78号）が2004年6月2日に公布され，2005年6月1日に施行された．

「外来生物法」では「特定外来生物被害防止基本方針」とともに，①生態系への被害，②人の生命・身体への被害，および③農林水産業への被害をもたらす侵略的な外来生物を「特定外来生物」として政令で指定し，飼養・輸入・譲渡などを規制している．同法では，「概ね明治元年以降に我が国に導入されたと考えるのが妥当な生物」につき，以下の区分ごとに規制内容と対策を講じることとしている．

（1）特定外来生物

　　定義：生態系等に係る被害を及ぼし，又は及ぼすおそれがあり，政令で指定した外来生物．

　　規制：①飼養，栽培，保管又は運搬は，主務大臣（環境大臣・農林水産大臣）の許可を受けた場合（学術研究等の目的で適正に管理する施設等を有する）等を除き，禁止．②許可を受けた場合を除き，輸入禁

止．③個体識別措置等を講じる義務．④野外へ放つことの禁止．
防除：野外における特定外来生物について国の他地方公共団体等の参画により防除を促進する．

（2）未判定外来生物

定義：生態系等に係る被害を及ぼすおそれがあるかどうか未判定で，主務省令で指定した外来生物．

規制：①輸入者に届け出の義務．②判定が終わるまでの一定期間輸入を制限．

（3）要注意外来生物

対象：①被害に対する科学的な知見は充実しているが，引き続き指定の適否について検討を行う必要のある外来生物．②被害に係る科学的知見が不足しており，その集積に努めつつ利用等に対する注意を促していくべき外来生物．

同法では「外来生物」を，哺乳類，鳥類，爬虫類，両生類，魚類，昆虫類，無脊椎動物および植物の分類群に区分している．植物の「特定外来生物」としては，2005年6月までに第一次指定として，ナガエツルノゲイトウ（*Alternanthera philoxeroides* Greisb.），ブラジルチドメグサ（*Hydrocotyle ranunculoides* L. f.）およびミズヒマワリ（*Gymnocoronis spilanthoides* DC.）の3

図 6.19 特定外来生物（第一次指定）に指定された帰化雑草
ナガエツルノゲイトウ（左上），ブラジルチドメグメ（右上，村岡哲郎氏原図），ミズヒマワリ（左下）．

種（図6.19）が，2006年1月の第二次指定として，アゾラ・クリスタータ（アカウキクサ属の一種）(*Azolla cristata* Kaulfuss), オオフサモ（パロットフェザー）(*Myriophyllum aquaticum* Verdec. または *Myriophyllum brasiliensis* Cambess.), アレチウリ (*Sicyos angulatus* L.), オオキンケイギク (*Coreopsis lanceolata* L.), オオハンゴンソウ (*Rudbeckia laciniata* L.), ナルトサワギク (*Snecio madagascariensis* P'oiret), オオカワヂシャ (*Veronica anagallis-aquatica* L.), ボタンウキクサ（ウォーターレタス）(*Pistia stratiotes* L.), スパルティナ・アングリカ（イネ科）(*Spartina anglica* C. E. Hubb.) があげられている．

● b. 外来生物法における帰化雑草の扱い

「外来生物法」では「意図的に導入される」植物を対象としている．輸入飼

表 6.5 雑草リスク評価のモデル事例（西田，2005）

	学名：*Chromolaena odorata*		結果：	拒否	
			受入れ<0　要審査 0-6		
	英名：Siam weed		拒否>6		
			点数：	23	
	科名：キク科		申請者名：	CW	
		歴史/生物地理学的特性			
A	1. 栽培特性	1.01	栽培種か？　そうでない場合は2.01へ．	N	
C		1.02	栽倍された場所で帰化植物となった事例があるか？		
C		1.03	種内に雑草系統があるか？		
	2. 気候と分布	2.01	オーストラリアの気候に適しているか？	2	
			(0-低；1-中；2-高)		
		2.02	2.01の判断の根拠となったデータの質．	2	
			(0-低；1-中；2-高)		
C		2.03	気候適性は広いか？	N	①
C		2.04	乾季が長い地域に原産地あるいは帰化地域があるか？	Y	
		2.05	自然分布域外で繰り返し導入が行われた経緯があるか？	Y	
C	3. 他の地域で	3.01	帰化した事例があるか？	Y	
E	の雑草化の	3.02	庭/行楽施設/攪乱地の雑草か？		
A	歴史	3.03	農地/園芸/林地の雑草か？	Y	
E		3.04	自然環境中の雑草か？	Y	
		3.05	同属に雑草があるか？	Y	
		生物学/生態学的特性			
A	4. 望ましくな	4.01	針やトゲをもつか？	N	
C	い特質	4.02	アレロパシー作用をもつか？	N	

C		4.03	寄生植物か？		
A		4.04	放牧家畜の嗜好性が劣るか？	N	
C		4.05	動物にとって毒性があるか？	Y	
C		4.06	病害虫や病原体の宿主か？		
C		4.07	人にアレルギーを起こすかあるいは毒性をもつか？		②
E		4.08	自然生態系中で火災を起こすか？	Y	
E		4.09	生活史の中で耐陰性を有する時期があるか？	N	
E		4.10	痩せ地で生育するか？	N	
E		4.11	他の生物によじのぼったり，覆い尽くすような生育特性をもつか？	Y	
E		4.12	密生した藪を形成するか？	N	
E	5. 形質	5.01	水生植物か？	N	
C		5.02	イネ科植物か？		
E		5.03	窒素同定を行う木本植物か？		
C		5.04	地中植物か？		
C	6. 繁殖	6.01	原産地で繁殖に失敗しているか？	N	
C		6.02	発芽力のある種子を生産するか？	Y	
C		6.03	自然交雑が起こるか？		
C		6.04	自家受粉するか？		
C		6.05	特定の花粉媒介者を必要とするか？	N	
C		6.06	栄養繁殖を行うか？	Y	
C		6.07	種子生産開始までの最短年数．	1	
A	7. 散布体の散布機構	7.01	散布体が人為活動により非意図的に散布されるか？	Y	
C		7.02	散布体が意図的に散布されるか？		③
A		7.03	散布体が農（林畜園芸）産物に混入して散布されるか？	Y	
C		7.04	散布体は風散布に適応しているか？	Y	
E		7.05	散布体が水（海流）散布されるか？	Y	
E		7.06	散布体が鳥散布されるか？		
C		7.07	散布体が動物の体表に付着して散布されるか？	Y	
C		7.08	散布体は動物の排泄物を通じて散布されるか？		
C	8. 持続性に関する属性	8.01	種子の生産量が多いか？	Y	
A		8.02	1年以上存在するシードバンクを形成するか？		
A		8.03	有効な除草剤があるか？	Y	
C		8.04	切断，耕起あるいは火入れに耐性があるか，あるいはそれらにより繁茂が促進されるか？		
E		8.05	オーストラリアに有効な天敵が存在するか？		

オーストラリア検疫検査局の雑草リスク評価システム（Australia Weed Risk Assessment Model）．
Chromolaena odorata についての評価．
雑草タイプ： A＝農耕地雑草，E＝環境雑草（environmental weed），C＝両方．
Y＝YES，N＝NO　最低必要回答数：①＝2，②＝2，③＝6
定着する確率が高い，あるいは侵入種的な性質をもつ場合には点数が加算される．
「3. 他の地域での雑草化の歴史」では，気候適応性に応じて重みづけがなされている．
「生物学/生態学的特性」では，雑草害や侵入の成功に結びつく特性をもつ場合には1点を加算．そうした特性の欠如が侵入を妨げる場合には1点を減ずる．
農耕地雑草か環境雑草かを分けたいときには，AとCあるいはEとCの点数をそれぞれ計算する．

料に混入する雑草種子のように，農耕地などで雑草として問題となる帰化植物の多くは「非意図的」に導入されるために，同法では直接に規制する対象とはならない．帰化雑草の特定の種が「特定外来生物」に指定された場合には，防除を含めて規制の対象となるために，国内での分布の拡大抑制につながることが期待されている．

　一方，あらかじめ個々の植物についての有害性を評価しておくことは，侵入の懸念される有害な植物の導入を未然に防止することに有効であると考えられる．この観点から「雑草リスク評価モデル」が検討されており，オーストラリアで用いられている Australia Weed Risk Assessment Model（表 6.5）の日本での状況への適用が試みられている（西田，2005）．　　　　　　［森田弘彦］

文　献

淺井康宏：緑の侵入者たち，朝日新聞社，1993.
Auld, B., Morita, H., Nishida, T., Ito, M., Michael, P.: *Cunningahmia*, 8 (1), 147-152, 2003.
道路緑化保全協会関東支部自主調査委員会編：ワイルドフラワーによる緑化の手引き，道路緑化保全協会，1990.
榎本　敬：雑草の自然史（山口裕文編），pp. 17-34, 209-216, 北海道大学図書出版会，1997.
榎本　敬：植調，**39** (4), 141-146, 2005.
平山常太郎：日本に於ける帰化植物，洛陽堂，1918.
久内清孝：帰化植物，科学図書出版社，1950.
久内清孝：自然科学と博物館，**20** (5, 6), 92-94, 1953.
岩崎常正：芳草部五　本草図譜，1828.（博文館版，1903.）
笠原安夫：歴史公論，**74** (1), 78-89, 1982.
河野昭一：雑草研究，**20**, 145-149, 1975.
木村康一（新註校定代表者）：新註校定　國譯本草綱目　第四冊〜第七冊，春陽堂，1973-1975.
小西篤好：農業餘話（小西藤右衛門蔵版），1828.
前川文夫：植物分類地理，**13**, 274-279, 1943.
森田弘彦：農業技術，**45** (8), 342-347, 1990.
森田弘彦：雑草研究，**41** (2), 90-97, 1996.
森田弘彦：環境変動と生物集団（河野昭一・井村　治編），pp. 109-119, 海游社，1999.
森田弘彦・中山壮一：雑草研究，**37** (4), 267-275, 1992.
日本生態学会編・村上興正・鷲谷いづみ監修：外来種ハンドブック，地人書館，2002.
西田智子：法規制のための雑草リスク評価モデル，日本雑草学会第 20 回シンポジウム講演要旨，29-34, 2005.

沼田　眞：帰化植物, 大日本図書, 1975.
小倉　謙監修：増補　植物の事典, p.96, 東京堂出版, 1968.
長田　啓：外来生物法が果たす役割——外来生物法の概要と施行状況について, 日本雑草学会第20回シンポジウム講演要旨, 21-28, 2005.
長田武正：日本帰化植物図鑑, 北隆館, 1972.
長田武正：原色日本帰化植物図鑑, 保育社, 1976.
長田武正・富士　尭：帰化植物——雑草の文化史, 保育社, 1977.
小野蘭山：復刻日本科学古典全書9　重訂　本草綱目啓蒙, 朝日新聞社, 1978.
小野蘭山：復刻日本科学古典全書10　重訂　本草綱目啓蒙, 朝日新聞社, 1978.
清水矩宏・森田弘彦・広田伸七：日本帰化植物写真図鑑, 全国農村教育協会, 2001.
清水建美編：日本の帰化植物, 平凡社, 2003.
白井光太郎：植物渡来考, 岡書院, 1929.
太刀掛優編：帰化植物便覧, 比婆科学教育振興会, 1998.
梅本信也：雑草の自然史（山口裕文編著）, pp.35-45, 北海道大学図書刊行会, 1997.
山崎美津夫・桜井淳史：水草カタログ, 永岡書店, 2000.
山崎　敬：植物研究雑誌, **63** (12), 410-411, 1988.
八坂書房編：日本植物方言集成, 八坂書房, 2001.

7章　半自然生態系の特性とその雑草診断

7.1　はじめに

　近代社会における過大に発達した人間の行為は，一方的にほかの生物種に影響を与え，多くの生物種が絶滅したり危機的な状況にさらされたりしている．そして長い時間かかって築かれてきた土地固有の生物多様性は，世界の各地で大きく変貌しつつある．わが国もその例外ではなく，平成14年3月に，生物多様性の保全と再生をめざした「新・生物多様性国家戦略」が新たに策定された（環境省，2002）．同戦略でもふれているように，長い歴史の産物である生物多様性を大きく変貌させ，危機的な状況に陥れている人間活動は，①直接的な自然の開発のほか，②住民の生活・生産様式の急激な変化，あるいは，③帰化生物の増大による生態系の攪乱（コラム6参照）であり，これらのいずれもが本章でとりあげる半自然生態系の雑草フロラに大きく影響している．また6章でふれた帰化植物の問題や，本章のテーマである半自然生態系の診断は，新しい国家戦略が掲げている三本柱の課題（環境省，2002）を解決することにも相通ずるものである．

　本章では，半自然生態系としてとらえることのできる非農耕地の，①人里植物（広義の雑草）のうち，害作用を示すものの防除あるいは帰化植物の侵入防止と，②旧帰化植物を含む在来種のうち，現在では希少種となってしまった人里植物を生育地内で保全するための，生態系の状態診断のあり方について述べる．その診断にもとづいた管理が軌道に乗ってくれば，徐々にではあっても，当該半自然生態系は土地固有の種から構成される健全な種多様性を示すようになり，生物多様性保全の達成にも寄与することになろう．農耕地においては「作物」という保護の対象となる植物が歴然としているが，それとは対照的に

非農耕地では，当該植生のうち何を管理あるいは保全の対象としているのか，その目標種が不鮮明な場合が多い．仮にこの点をおざなりにして機械的に植生を診断すれば，それが植生管理のためのツールとして機能しない場合も多くなるであろう．

7.2　半自然生態系の種多様性

● a.　非農耕地の雑草群落の特性

景観生態学的な見方をするのなら，これまで非農耕地は，農耕地というパッチを取り囲むマトリックスあるいはコリドーとして位置づけられ，そこに自然発生する雑草は，農耕地で栽培する作物との関連でのみ取り扱われてきたといえよう．したがってマトリックスやコリドーに形成された雑草植生は，在来種・外来種のいかんを問わず，それが農作業に対してなんらかの障害をきたしたとき，防除の対象となったのである．一方，農村における生活様式の著しい変貌によって，非農耕地雑草の中には絶滅のおそれがあり，近年，タコノアシやデンジソウのように生物多様性保全の対象種となったものもある．上述した有害雑草の防除あるいは侵入防止と希少雑草（人里植物）の保全は，雑草生態学が早急に解決しなければならない今日的課題である．そして双方の雑草が含まれる非農耕地の雑草群落を健全なものにするためには，まずその構造と機能，とりわけ多種共存メカニズムについて知る必要があるだろう．非農耕地は農耕地と比較し，はるかに多くの種が共存しているのが一般的だからである．非農耕地で多種共存を可能にする生態的なメカニズムは，非生物的なものと生物的なものに大別できる（鷲谷・矢原，1996）．

● b.　多種共存のメカニズム

非生物的メカニズムは，①立地によって異なる地形や土壌の物理・化学性，②台風・洪水など，ときおり来襲する自然災害，そして，③環境ストレスが関与している．谷戸田周辺の斜面は，乾燥しやすい南向き斜面と北向き斜面では出現する種類が同一ではない．そして同じ斜面でも，法面が広くなると乾燥気味の上部でメヒシバが，湿気のある下部でスギナが優占してくる（根本ほか，2001）のは，①の事例である．また，湿田を休耕するとガマやヨシが，乾田で

はセイタカアワダチソウやススキが優占することはよく知られている（大黒ほか, 1996）．

②の自然災害については，洪水による河川の氾濫で河原の植被や土壌が流されることによりはじめて，カワラノギクなど河川に固有の雑草が定着してくるといった例がある．塩類の集積など作物の生育を強く抑制する③環境ストレスも，生物多様性とかかわりをもっている．塩類濃度が一定レベル以上に達するとイネは生育できなくなるが，東北タイの塩類土壌地帯では，ほかにはみられない *Xyris indica* などの耐塩性雑草群落が形成されるようになり（Noda et al., 1994），水田全体としての多様性は増すことになる．以上，非生物メカニズムによる共存は地域全体での環境の不均一性による共存であり，異なる環境条件ではそこでの最適種も異なるので，地域全体としては多種が共存していくというものである．

一方，生物的メカニズムは，①競争的関係にありそうだが細かくみるとニッチが分かれているという，ニッチの分割による共存，②人間による「攪乱」という外的要因による共存，③優占種の生活史特性に起因する共存，④少数派に有利になる自律的な共存などが考えられる．

①は多種との競争の結果，少しずつニッチが重なりあうことによって多種の共存を可能にした場合である（図7.1）．ここで具体的なニッチとは，個々の植物が利用できる温度や水分などの環境条件の広さ，あるいは植物が利用可能な栄養塩の濃度の範囲である．各ニッチ間の幅（d）がニッチの幅（w）と比べ，ある程度以上狭くなるとどちらかの種が競争の結果はじきだされてしまい，共存できなくなる（鷲谷・矢原, 1996）．

②は，競争による種の排除を妨げるような効果を発揮する攪乱によって，共存が可能になる場合である．雑草群落も含め，生物群集は適当な規模の攪乱があるときに種多様性が最も大きくなるという「中規模攪乱仮説」がよく知られている．

中規模攪乱仮説では，多様性を当該生態系に対する攪乱の頻度と強度から説明している（Grime, 1973；Connell, 1978）．高頻度で大規模な攪乱条件下ではわずかの種しか生き延びられないが，攪乱の頻度と規模が低下してくると，侵入種が生育可能となる空間をつくるのにふさわしい程度の攪乱となり，また，主たる攪乱のあいだの長さが，さらに多くの種を首尾よく定着しやすいものに

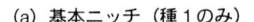

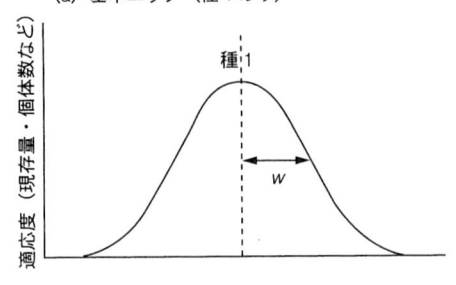

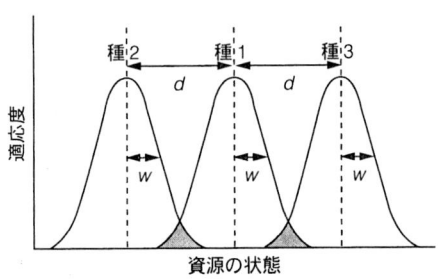

図7.1 ニッチの分化による共存のモデル（鷲谷・矢原，1996；一部改変）(a) は1種のみが資源を利用しているパターン．(b) は3種が同じ資源をわずかな特性値の違いによって，完全な競争状態に陥ることなく利用する場合．ニッチ間の幅：d が，ニッチの幅：w と比べてある程度以上狭くなると，どちらかの種がはじき出されてしまう．

なる．この中規模の攪乱によって，多様性が最も高くなる．さらに攪乱の頻度が低くなると，その場所によく適応した種のみが生き残って優占種となり，それまで共存していたほとんどの種は排除され，多様性は低下する．草本植物が共存できるようになるメカニズムとしてGrime (1973) の提唱する"humped-back（猫背）モデル"（コラム7参照）も，中規模攪乱仮説のひとつである．

③は，優占種の生育型や成長パターンが，多種を共存させるうえで有利にはたらく場合である．土地の生産力が高く，しかも攪乱を受けない立地の雑草群落では，競争に強い優占種が密な草冠を形成しているため，その下にある小型雑草や芽生えの成長は庇蔭とリターの堆積によって著しく抑制されている．しかし土地生産力が低下してくると，徐々に草冠のうつ閉度が低下して耐陰性のある雑草やコケ類がみられるようになる（Grime, 2001）．このGrimeの指摘は一般的な傾向として認められるが，どの程度まで多種共存が可能になるか

は，そこで優占している雑草の生育型が深くかかわってくる．

図7.2は，年1回の刈り取りとリターの除去によって管理されてきたススキ優占群落の模式図である．ススキは陣地強化型雑草であり，ある程度の年数が経過した群落ではその生育型の特性として，株化したススキのあいだに十分な空間が毎年必然的に形成される．そのため5章で述べたように，47種もの雑草がススキ群落の株間に形成された空間を時間的にも棲み分け，共存していた（小池，1972）．

一方，陣地強化-拡大型のセイタカアワダチソウ（図5.6, p.104参照）は，その葉群構造の特性から，水田放棄後4年前後のまだ生産力の高い水田では，ほぼ純群落を形成する．しかしさまざまな要因でセイタカアワダチソウが十分に成長できなくなると，Grimeの指摘しているように，ある程度まで耐陰性雑草が侵入・定着するようになる．ススキのような株化タイプの陣地強化型雑草ほどではないが，セイタカアワダチソウ群落においてもある程度の攪乱条件

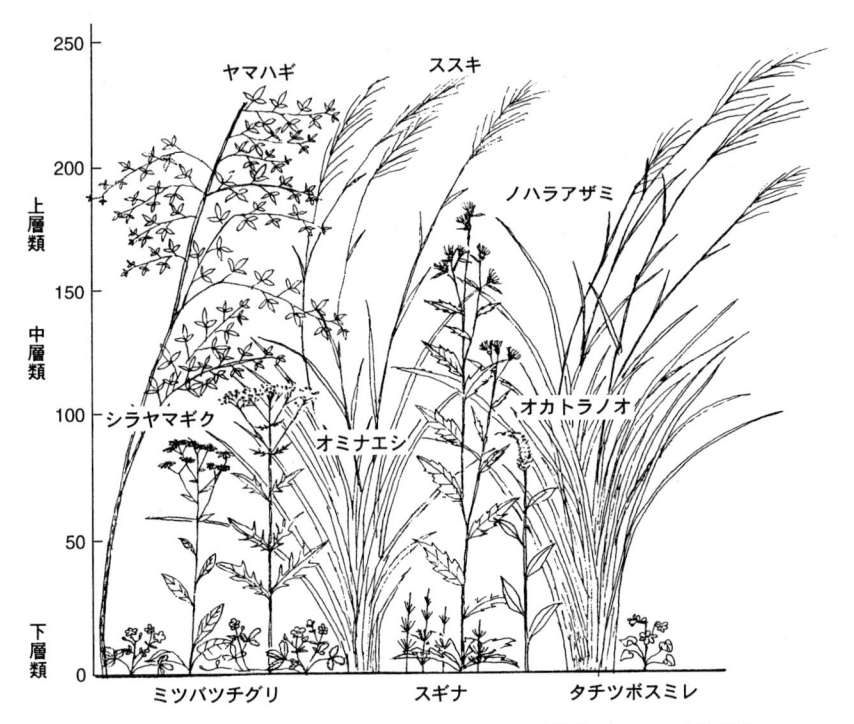

図 7.2 年1回の刈り取りとリターの除去によって維持管理されたススキ型草地の模式図（根本，2004）

下では，比較的多くの種が共存可能な空間を形成する場合がある．

④は，競争における有利さは固定されず，少数派になった方が有利になり，多数派になると不利になるというなんらかのメカニズムがはたらくときにみられる「自律的な同所的共存」といわれるものである（東，1998）．このメカニズムによって共存が達せられる場合として，種内競争が種間競争より強い場合や，競争関係にある2種の共通の捕食者が多数派（競争の進行した結果，より増えてきた種）を選択的に捕食することによって少数派の有利が実現される場合である．後者のメカニズムは捕食者としての草食家畜と草地植物のあいだにはたらくことが予想される．すなわち適切な放牧条件下では，上繁草のイネ科草がよく喫食されることによって下繁草のマメ科草が優勢となる．しかし優勢となったマメ科草はタンパク含量も高く，嗜好性が高いためよく喫食される．そこで再び上繁草のイネ科草が有利となり，全体として多種共存型の草地植生が形成されるようになる．

c. 生態系の安定性と種多様性

これまで農耕地周辺に広がる非農耕地を半自然生態系としてとらえ，系を構成している多くの種の共存メカニズムについてみてきた．ところで古くから多くの生態学者が考えているように（伊藤，1992），より多くの種から成り立つ複雑な生態系は，より安定性に富んだ系といえるのだろうか．雑草を含むさまざまな種から構成される非農耕地の状態を診断し管理していくうえで，系の安定性と雑草種の多様性との関係は関心の高いテーマであるといえよう．ところで「安定性」には，平衡状態に達している複数の種が相互作用している系が外からの小さい攪乱を受けたとき，その後再び同じ平衡値に戻るという局所安定性（local stability）あるいは復元性（stability）のほかにも，永続性（persistence），抵抗性（resistance），変動性（variability）を指す場合もあるので（伊藤，1992），どのように定義された安定性かを見極める必要がある．

次に，これまでに提唱されてきた安定性と多様性にかかわる3つの仮説についてみていきたい．1番目の「多様性-安定性」説は要素が多く，多様性の高い系ほど安定であるが（MacArthur，1955），人間による攪乱などによって多くの種が根絶してしまった系では，病害虫や雑草の大発生が起こりやすく不安定なものになる，という説である．しかしながら現実には種多様性が増して安

定性が増す場合と逆に不安定になる場合があるので，高い多様性イコール高い安定性という単純な観念はもはや維持できないという（伊藤，1992）．

2番目のリベット説は，生態系を飛行機の翼に，その構成種をリベットにたとえたものである．Ehrlichは1つ2つのリベットが抜け落ちても飛行にはあまり支障がないが，一度に多くのリベットが落ちれば飛べなくなるように，生態系においてもある数以上の種が絶滅すると生態系の機能や安定性に大きく影響してくる，というものである．この説ではリベットの抜け落ちる数を問題にしているが，生態系を構成している種はそれぞれの役割が大きく異なる場合もあるので，それほど単純ではない（鷲谷・矢原，1996）．

そこで3番目の冗長度説（Walker, 1992）では，生態系を構成する種はいくつかの機能グループに分かれていると考える．そして，構成員の種数が多い機能グループに属する種が絶滅してもその系の安定性にはあまり影響ないが，構成員の種数が少ないグループの種の絶滅は生態系の機能や安定性を著しく損なう，というものである．後述するように，根本ら（根本・大塚，2004）は当該生態系の中で保護や管理の目標となっている種とその他の種との力関係の違いによって構成種の機能グループを分け，機能グループ間の相対的な関係による生態系の安定性評価を試みている．

● d. 帰化雑草と希少雑草の生態的特性

生態系を構成している種の豊富さはその安定性といかなる関係があるのか概述してきたが，次に非農耕地という半自然生態系の構造をゆがめるものとして，近年問題が深刻化しつつある帰化雑草の侵入メカニズムと，それとは反対に非農耕の中で希少種になりつつある雑草の生態的特性についてみていこう．

6章でふれられているように，現代は輸入飼料に混入して侵入し耕作地で分布を拡大しているショクヨウガヤツリをはじめ，ワイルドフラワーとして導入されたオオキンケイギク，輸入園芸資材とともに広がったカッコアザミなど，多くの帰化雑草が人間の手により直接間接的に持ちこまれている．このように帰化雑草の侵入経路が多様化した結果，多くの植物が海外から侵入し定着している．しかし予想をはるかに超える多くの植物種子が国内に持ちこまれているにもかかわらず，その中からさまざまな障壁を乗り越えて侵入・定着した帰化雑草の割合は意外に低い．ほとんどの侵入植物は日本国内に持ちこまれたとし

ても，既存の雑草との競争に打ち勝てなかったり，病害虫に冒されたり，花粉の媒介がうまくいかなかったりして，定着，種子の再生産，種子の散布など一連の生態的特性を発揮することができず，帰化雑草としてその分布を拡大することはないのである．

その一方で帰化雑草の侵入を促進させる要因として，①自然あるいは人間による攪乱，②既存の植生（種数）の貧困さ，③土地の生産力が高いことが知られている．農耕地やその周辺地あるいは富栄養化した河川敷は上記の3つの条件を満たす場所であり，帰化雑草の侵入によってさまざまな問題が発生している．

ところで種の多様性と帰化雑草の侵入はどのような関係にあるのだろうか．Levineら（2002）の総説によれば，図7.3に示したように，多様性は帰化種の侵入にとってマイナス要因となるが，多様性と侵入にかかわってくる要因は双方にとってプラスとなる適度の攪乱，弱い競争，環境の不均一性，高い種子の移入などと，逆にマイナスとなる頻繁な攪乱，はげしい競争，強い捕食，厳しいストレス，低い種子の移入があるので，これらを総合して判断する必要がある．

侵入植物とは対照的に，希少性の高い種は帰化雑草に生育地を奪われ絶滅する危険性が高い．たとえば河川敷では帰化雑草（外来牧草）のオオウシノケグサやシナダレスズメガヤの侵入によって，カワラノギクやカワラハハコなど河原の固有種が激減している（鷲谷，1999）．

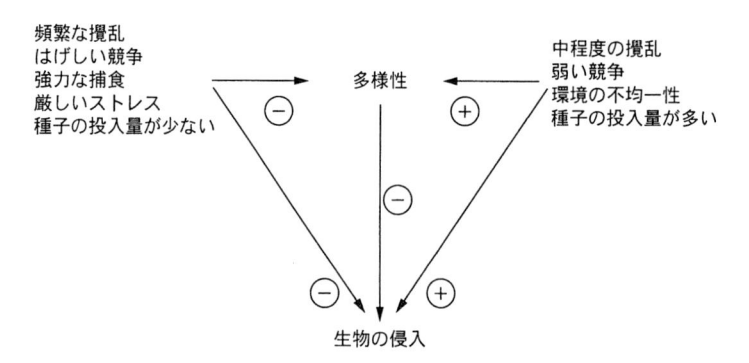

図7.3 理論と実験にもとづいてつくられた，多様性と生物の侵入に関する統合的な枠組み（Levine *et al.*, 2002；一部改変）
多様性と生物の侵入にとって左側の状況はマイナスに，右側の状況はプラスにはたらく．

7.2 半自然生態系の種多様性

コラム6　生物多様性の危機をもたらす要因

「新・生物多様性国家戦略——自然の保全と再生のための基本計画」(環境省，2002)によれば現在，生物多様性を危機的な状態に陥れる可能性の強い人間の行為は，その原因と結果から次の3つのカテゴリーに分けることができる．以下それぞれのカテゴリーと，それが雑草群落に及ぼすであろう影響について記す．

第1の危機：人間活動ないし開発が直接的にもたらす種の減少，絶滅，あるいは生態系の破壊，分断，劣化を通じた生息・生育域の縮小，消失

たとえば，鑑賞用や商業的利用によるクマガイソウ，シュンラン，エビネなどラン科植物の激減．水田生態系を構成しているため池や土水路のコンクリート化あるいは除草剤の連用によるデンジソウ，タコノアシなどの希少種の消滅．

第2の危機：生活・生産様式の変化，人口減少など社会経済の変化にともない，自然に対する人為のはたらきかけが縮小撤退することによる，里地里山などにおける環境の質の変化，種の減少ないし生息・生育状況の変化

たとえば，土手や畦畔で草刈りを行わなくなったことによるキキョウ，ワレモコウ，カワラナデシコなどの人里植物の減少．中山間地の水田耕作の放棄による棚田や谷戸田周辺に生育していた水田管理下でみられた湿性植物の消失．放牧利用してきた半自然草原の管理放棄と，それにともなうオキナグサなど草原性植物の消失．

第3の危機：近年問題が顕在化するようになった帰化植物による生態系の攪乱

たとえば，水田耕作放棄地ではセイタカアワダチソウ，アメリカセンダングサなどの帰化植物が侵入し優占化している．また「特定外来生物」に選定されたオオキンケイギクは河川敷で優占化し，河原の絶滅危惧種の生育立地を狭めている．

コラム7　Grime の猫背 (humped-back) モデル

縦軸に一定面積あたりの出現種数 (種数密度) を，横軸にストレスまたは攪乱 (あるいは双方を合わせたもの) の程度をとると，ある程度のところで種数密度の値がまるで猫が背を丸くしたような形で増加するというもの．図7.4に示したように，外圧 (攪乱やストレス) が増してくると，それまで優占していた当該立地の潜在的な種 (白ヌキの部分) の力が削がれることによって，それまで優占していた種でもストレスや攪乱にきわめて適応性のある種でもないごく普通の種 (斜線の部分) と，ストレスと攪乱に高度に適応した種 (黒ぬりの部分) が増加して，種数密度が急激に上昇する．しかしさらに外圧が増大すれ

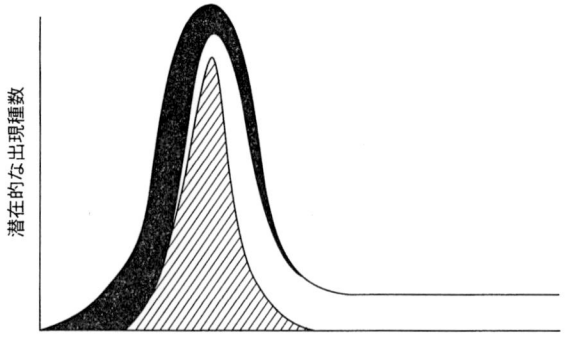

図7.4 Grimeの種の豊富さに関する猫背モデル
□：潜在的優占種，■：ストレスや攪乱に対して高度に適応した種．斜線の部分はごく普通の種．このモデルは潜在的な出現種数と，ストレスまたは攪乱あるいは双方を合わせたものとの関係を図示したものである．

ば，その外圧に耐性を示す種だけしか生存できなくなり，種数密度はにわかに低下する．この現象は舗装していない郊外の小径の側面に形成された雑草群落（Grime, 1973）や，根本（1999）が調査したフィリピン・ルソン島のチガヤ型草地でも観察された（図7.5）．フィリピンでは大規模森林伐採の後，その放棄地でチガヤが大発生し問題になっている．放棄地のチガヤは純群落に近いものであるが，年に1〜2回刈り取ってチガヤを屋根葺き用などに利用している果樹園や水牛の放牧地では，チガヤが多くの種と共存している．とりわけ水牛の放牧頭数が少ない場合は嗜好性に劣る雑草が残ったり，糞をした跡に好窒素性雑草が侵入するなどして，きわめて種の豊富なチガヤ型草地となる．しかし放牧頭数が増加してくると共存種数は低下する．

上述の事例を含め，人間による管理や干渉が加わる半自然生態系では，外部からの中程度の外圧が種数を豊富なものにすることはかなり一般的であり，中規模攪乱仮説は魅力的なものである．しかし最も多様性を高める外圧の程度は，対象となる草本群落によって質的にも量的にもかなり異なることに注意しなければならない．たとえばススキ群落の種多様性は年1回の刈り取りとリターの除去によって最大となるが，チガヤ群落では年3〜4回刈り，シバ群落ではさらに刈り取り回数を増すことによって，共存可能な種数が増加する．

このように中規模攪乱仮説の難点は，加わる外圧の頻度やその規模の程度が不明確であることだ．Grimeは種の豊富さと攪乱のあいだにみられる関係を定量的にとらえたものとしてAl-Muftiら（1977）の研究をとりあげているが，仮にAl-Muftiらのいう地上部現存量とリター量の合計と攪乱の程度との関係に直

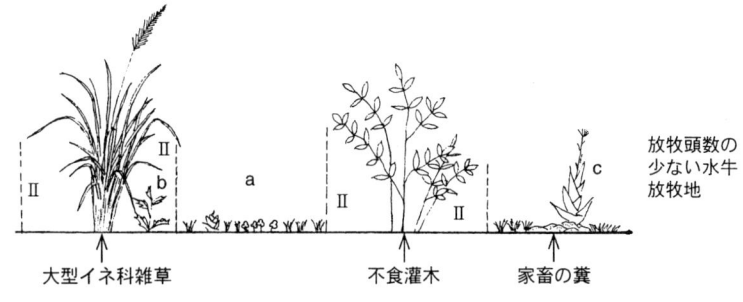

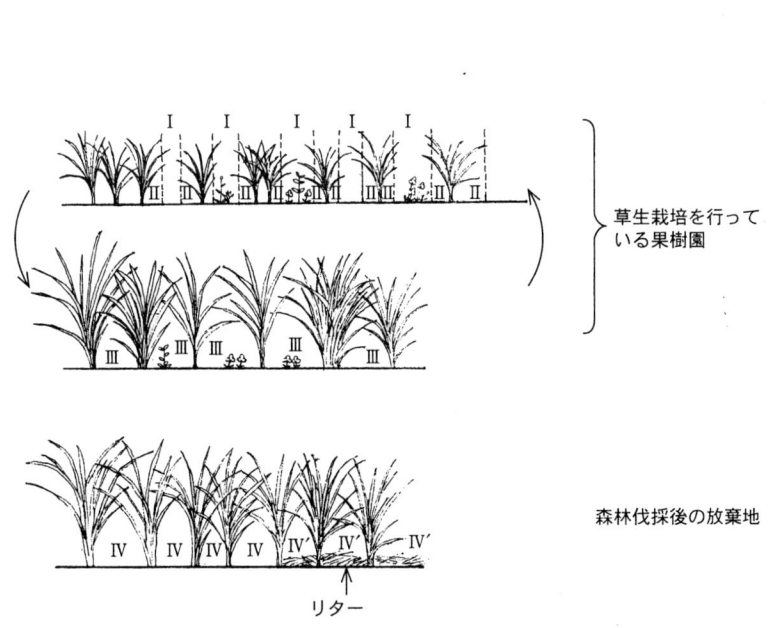

図 7.5 フィリピン・ルソン島でみられた群落構造の明らかに異なるチガヤ型草地（Nemoto, 1996）
Ⅰ：完全なギャップ，Ⅱ：大型植物周辺のギャップ，Ⅲ：一定期間上部が閉じられるギャップ，Ⅳ：潜在的なギャップ，Ⅳ′：潜在的なギャップにリターの蓄積したもの．
a：陽性雑草，b：耐陰性雑草，c：好窒素性雑草．
家畜頭数の少ない放牧地のチガヤ型草地は，きわめて種多様性が高かった．

線的傾向があるとしても，Al-Mufti の示した図の横軸はどのような攪乱を示しているのか不明である．

　中規模攪乱仮説にもとづいた具体的な雑草群落の種の豊富さの診断や管理を可能にするためには，当該植生の中規模といわれている攪乱の時間的な周期（頻度）と規模について正確に把握しなければならない．

希少性の高い種は，①地理的な分布が狭い，②利用可能な生育場所の範囲が狭い，③同じ生育場所で生活する種の個体数が少ないなどの特性をいくつか兼ね備えている（Rabinowitz, 1981）．さらに希少性の高くない種でも，その生育地が人間の生活空間と重なる植物では，人間による干渉あるいは管理の仕方が変わることによって絶滅の危機に瀕することもある．たとえば草刈りによって管理されてきた土手や水田畦畔はワレモコウ，フジバカマ，カワラナデシコなどを含む多年生雑草群落となるが，それが除草剤による管理に変わればメヒシバ，エノコログサなどの一年生雑草が優占し，上記の多年生雑草は希少種の仲間入りをすることになる．

7.3　半自然生態系の健全さを診断する物差し

長い間，人間による管理下で比較的安定していた非農耕地の雑草群落は，今日ではさまざまな要因によって大きく変貌しつつある．そこで最近は，除草剤の普及がまだ十分でなく，構造改善事業の進んでいなかった昭和30年代以前の非農耕地の雑草群落を伝統的で健全なものとし，それを復元の対象とする傾向にある．このような場合は，現実の群落が目標としての伝統的な群落からどの程度隔たったものなのか診断する必要に迫られることになる．次に雑草群落を診断するための物差しについてみていくことにする．

● a.　群落の現況把握のための物差し

半自然生態系の構成要素である雑草群落の診断には，①私たちが健康診断を行うのと同様，健康か否かを判断するための基本情報を得るための物差しと，②不健康な状態がどの程度進行しているのかを知り，健康を回復するための処方箋づくりにかかわる物差しがある．①の物差しはさらに，生態系の構造，機能，組成に関するものに分けられる．

雑草群落の地上部と地下部，それらの立体的あるいは平面的な構造が構造診断の対象となるだろう．立体的な構造は生産構造図（2章，p.38参照）によって，葉群構造と群落内光環境の実態を把握することができる．一方，平面的な雑草個体の分散状態の判定には多くの指数が提案されているが，なかでも$I\delta$指数（Morisita, 1959）と均質度係数（coefficient of homogeneity : CH）（沼

田, 1949) がよく用いられている. $I\delta$ 指数は以下の式で求めることができる.

$$I\delta = k \frac{\sum x_i(x_i-1)}{N(N-1)}$$

ただし，k は方形区数，x_i は各方形区内の個体数，

$N = \sum x_i =$ 総個体数.

$I\delta$ 値は，個体数を数える面積の大きさを変えたときの指数値の変化によって，集団の大きさや集団内の分散状態を判定するもので，機会的分布で＝1，集中分布で＞1，一様分布で＜1となる.

次の均質度係数 (CH) は個体数など離散量だけでなく，草高，重量，優占度などの連続量の測定値の一様さの判定にも利用できる．すなわち

$$CH = d/\bar{x}$$

ただし，$\bar{x}$ は標本平均値，$d = ts/\sqrt{n}$ (n：方形区数，s：標準誤差，t はある危険率での t の値).

CH は n を一定にして比較するのが実用的である．値が0に近いほど均質になる.

2つめの機能評価にかかわるものとしては，生態系に備わった環境形成作用を繰り返すことで遷移するという系の機能を定量的に把握する物差しである遷移度 (DS：コラム 5, p. 125 参照) や，診断の対象となる群落のうち，管理の目標とする優占種とその他の群落構成の潜在的な草丈の大小関係と生活型の違いに着目した共存指数 (IC) (根本・大塚，2004) を用いた群落の安定性診断などがある．たとえば表 7.1 に示すように，共存指数の値は何を優占種にするかで違ってくるが，正の値を示す種は優占種との共存が可能で群落の安定性に寄与し，一方，負の値は競争的であり生態系を不安定なものにすると考える.

表 7.1 草高の相対的な大小関係にもとづく群落構成種の共存指数の判定表

	群落の優占種			共存指数
	シ バ	チガヤ	オ ギ	
群落構成種の潜在自然草高*	10 cm＞	30 cm＞	100 cm＞	＋1
	10～20 cm	30～80 cm	100～250 cm	0
	21～80 cm	81 cm＜	木本類および 251 cm＜	−1
	81 cm＜	木本類	—	−2
	木本類	—	—	−3

注：つる植物は −1 とする.
＊潜在自然草高は『日本原色雑草図鑑』を参照した.

3つめの群落の組成については，さまざまな視点から診断され評価されている．群落構成種の個体数（あるいは優占度）-順位関係には3つのパターンが知られている．①等比級数型は，片対数メモリで示された個体数が直線的に低下する．このパターンは群落の体制化が進行中の群落でみられる．②対数級数型では優占種群の占める割合の増大と総個体数の増大，③対数正規型では優占比の増大と下位種群の分化を示している．

構成種の豊富さと均等度にもとづく多様度はしばしば問題となるが，多様度を測る物差しとしては Shannon and Wiener 指数（H'）がよく知られている (Pielou, 1966)．すなわち，

$$H' = -\sum P_i \log_2 P_i$$

ただし，P_i は i 種の相対優占度．

以上は構成種の量的な関係をみるものであるが，構成種の質的な特徴を把握する物差しとして帰化植物率（帰化率），P-A 指数，生活型や生育型のスペクトラムがあるだろう．

帰化植物率とは，ある地域に生育する野生植物の種類のうち帰化植物が占める割合のことで，次式によって求めることができる．

$$帰化植物率（\%）= \frac{帰化植物の種類数}{帰化植物の種類数＋在来植物の種類数} \times 100$$

帰化植物率は都会の空地や埋立地などの雑草群落で非常に高く，二次林や植林地などでは5%以下と低く，自然林ではほとんど帰化植物をみかけない．

P-A 指数は多年雑草の種類数から一年生雑草（越年生を含む）の種類数を減じた数値で，人工草地ではその二次遷移の進行と高い相関が認められた（酒井，1978）．人工草地では，牧草を播種して造成した初期は一年生雑草が多く多年生が少ないが，中期になると一年生，多年生の双方ともに減少，その後次第に多年生雑草が増加し人工草地は老化・荒廃化することが多い．非農耕地においては管理の仕方や程度に呼応して P-A 値は変動する．

人間によるさまざまな干渉（管理を含む）下で馴化してきた雑草の生活型を調べることによって，非農耕地においても生育地の環境条件を明らかにできる．5章で述べた生活型や生育型は図7.6に示したようなスペクトラムを作成し，それぞれのタイプが占める割合から雑草群落の状態を診断する．

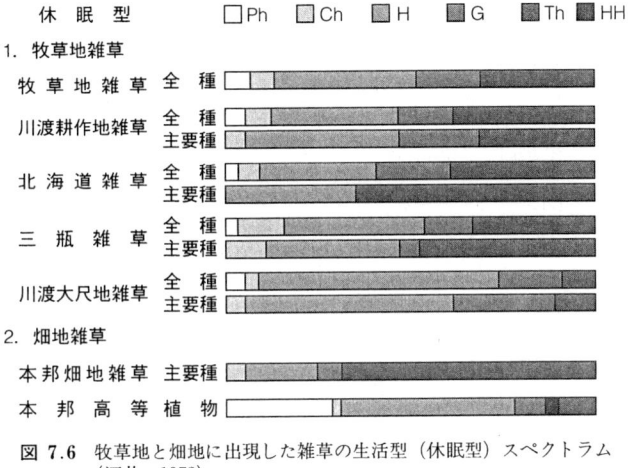

図7.6 牧草地と畑地に出現した雑草の生活型（休眠型）スペクトラム
（酒井，1978）
Ph：地上植物，Ch：地表植物，H：半地中植物，G：地中植物，Th：一年生植物，HH：水生植物．

b. 雑草管理のための物差し

半自然生態系の雑草診断と管理に関する研究は，これまでもっぱら半自然草地（主として放牧草地）に発生した雑草（人里植物）を飼草として有効利用する目的からなされたものである．その診断手法には，①草地の状態は群落を構成している種類の質によって決まる，との立場から放牧圧の高低に応じて変化する雑草種に指標価を与えて診断するもの（Itow, 1963；林，2003）と，②草地診断の基礎は遷移診断であるとの考えから，まず遷移の進行を先述した遷移度（DS）（コラム5，p.125参照）でとらえ，DS値に喫食率を加味した草地状態指数（IGC）による方法がある（沼田，1962）．

$$\text{IGC} = \sum \frac{d \times l \times g}{nv}$$

ここで，喫食率（g）は0〜1の値をとる．

では畔畔，農道，休耕田のように，半自然草地ほど雑草管理の目的のはっきりしていない場所の雑草は，どのようにして診断すればよいのだろうか．最近まで畔畔や農道などの雑草管理の唯一の目的は，雑草によって農業生産活動に支障をきたさないよう維持管理することであった．したがって雑草による土壌侵食防止効果などがみられない場合は，除草剤散布による管理がもっとも安価

で手っ取り早い方法であったろう．しかし今日では，①ススキ，チガヤ，シバなど日本の伝統的農村景観を形成してきた雑草のアメニティ効果やそれらの優占雑草と共存している希少雑草の生育地内保全，あるいは，②帰化雑草の侵入阻止や除去など，雑草群落の質的管理までが求められるようになった．

このような雑草群落の多面的機能を有効に活用するためには，その目的にかなった形で雑草を管理し，目標種とその共存種からなる植生を健全なものにしなければならない．そこで根本らは先に述べた，目標種との関係から求めた構成種の個々のIC値とその優占度階級値（D）を積算し，各スタンドごとに合計した植生状態指数（IVC）という物差しを考案した（根本・大塚，2004）．

$$IVC = \sum(IC \times D)$$

IVCによる診断結果の一例として，同一の谷戸田を形成している放棄水田，畦畔，農道における計測値を示した（図7.7）．農道ではシバが優占していたが，ここにはほかにチガヤ，ハルジオン，ヒメジョオン，オヒシバなど，人間による干渉が除かれればただちに優占種であるシバを被覆してしまう雑草が多かったため，IVC値はマイナス値を示し非常に不安定なものであった．当然のことながらこのような大型雑草が混在していなければ，シバ優占の農道でもIVC値はプラスで安定なものとなる．

その一方で当該谷戸田の放棄水田が比較的安定だったのは，谷戸田周辺の乾性立地には多くの多年生雑草や木本類が生育しているにもかかわらず，放棄水田はオギの優占する湿性立地のため周辺からの雑草や木本類の定着が顕著でなく，特に管理を行わなくてもオギ優占群落が持続しているためであることが判

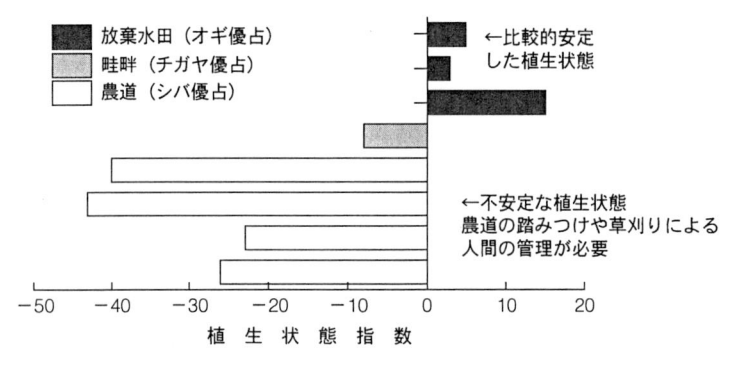

図7.7 同一の谷戸田内にある，管理法の異なる立地の植生状態指数（IVC）の値

明した.このように優占種のタイプだけでは安易に雑草管理のための処方箋を書くわけにはいかず,その中味を十分に吟味する必要がある.

また群落の安定性に寄与している雑草は,たとえばそれがセイヨウタンポポのような帰化雑草であっても,その代替植物が存在しない場合は慎重に周囲の状況を考慮したうえで防除の可否を決めるべきである.なぜなら,雑草の除去はギャップの形成につながり,予期せぬ大型有害雑草が侵入してこないとも限らないからである.

人間によってなんらかの干渉(管理であれ攪乱であれ)を受けている半自然生態系(非農耕地)における雑草群落の状態診断は,まず当該群落全体の状態を評価してから,有害雑草の防除や希少種の生育地内保全のための処方箋づくりをする必要があるだろう. 　　　　　　　　　　　　　　[根本正之]

文　献

Al-Mufti, M. M. *et al.*: *J. of Ecology*, **65**, 759-791, 1977.
Connell, J. H.: *Science*, **199**, 1302-1310, 1978.
Grime, J. P.: *Nature*, **242**, 344-347, 1973.
Grime, J. P.: Plant Strategies, Vegetation Processes, and Ecosystem Properties, pp. 257-300, John Wiley & Sons, 2001.
林　一六:植物生態学——基礎と応用, pp. 177-189, 古今書院, 2003.
東　正彦:地球環境学5　生物多様性とその保全(井上民二ほか編), pp. 97-131, 岩波書店, 1998.
Itow, S.: *Jap. J. of Bot.*, **18**, 133-167, 1963.
伊藤嘉昭:動物生態学(伊藤嘉昭ほか編), pp. 343-379, 蒼樹書房, 1992.
環境省:新生物多様性国家戦略, pp. 315, 環境省, 2002.
小池一正:東北大農研報, **24**, 95-108, 1972.
Levine, J. M. *et al.*: Biodiversity and Ecosystem Functioning (Loreau, M. *et al.* eds.), pp. 114-124, Oxford University Press, 2002.
MacArthur, R. H.: *Ecology*, **36**, 533-536, 1955.
Morisita, M.: *Mem. Fac. Sci. Kyushu Univ. Ser. E (Biol)*, **2**, 215-235, 1959.
Nemoto, M.: Activity Report of JICA Short-term Expert for SRDC II, The Philippines, pp. 1-6, 1996.
根本正之:関東雑草研究会報, **10**:6-10, 1999.
根本正之:雑草たちの陣取り合戦, pp. 47-57, 小峰書店, 2004.
根本正之・大塚広夫:雑草研究, **49** (3), 184-192, 2004.
根本正之ほか:日本造園学会誌, **64** (5), 557-560, 2001.
Noda, K. *et al.*: Major Weed in Thailand, pp. 125, Botany and Weed Science Division, Department of Agriculture, Thailand, 1994.

沼田　眞：植雑, **62**, 35-38, 1949.
大黒俊哉・松尾和人・根本正之：日本生態学会誌, **46**, 245-256, 1996.
Pielou, E. C.: *J. of Theoretical Biology*, **13**, 131-144, 1966.
Rabinowitz, D.: The Biological Aspects of Rare Plant Conservation (Synge, H. ed.), pp. 205-218, John Wiley & Sons, 1981.
酒井　博：草地調査法ハンドブック（沼田　眞編), pp. 138-150, 東京大学出版会, 1978.
Walker, B. H.: *Conservation Biology*, **6**, 18-23, 1992.
鷲谷いづみ：生物保全の生態学, pp. 182, 共立出版, 1999.
鷲谷いづみ・矢原徹一：保全生態学入門――遺伝子から景観まで, pp. 270, 文一総合出版, 1996.

索引

欧字

agrestal　6
allover gap　106

C3型光合成　21
C3植物　22, 25, 75
C4型光合成　21
C4植物　21, 25, 75
CH　165
colonizer　2
C-S-R戦略説　44

DS　125

Grimeの猫背モデル　161

H'　166

$I\delta$指数　165
IC　165
IGC　167
$in\text{-}situ$　9
IVC　11, 168

LAR　14

MI　97

NAR　14

P-A指数　166
PPFD　14

r戦略型　44
RGR　15
$r\text{-}K$選択説　44
ruderal　7

あ行

Shannon and Wiener指数　166

アクアリウム用水草　139
アポミクシス　57
アメリカタカサブロウ　134
アレロパシー　117
暗呼吸　18
安定性　158

一次休眠　50
一次遷移系列　110
一年生雑草　46
一年生草本　35
一年生草本期　115, 116
一回繁殖型草本　48
陰葉　26

栄養生長　45
栄養成長期　93
栄養繁殖　35
栄養繁殖器官　42, 58
栄養繁殖系　99, 100
栄養繁殖パターン　98
越年生雑草　46
エライオソーム　60

横走根　59
大型雑草　121

か行

塊茎　53, 59, 70
開放花　57
外来雑草　63, 128
外来種　128, 154
外来生物法　147

攪乱　42, 93, 155, 161
攪乱依存（型・者・種）　7, 44, 112
笠原安夫　2
夏生雑草　46
風散布　60
下層類　102
下繁草　158
株化　157
可変二年草　46
過放牧　106, 123
カルビン-ベンソン回路　18, 22, 26
環境休眠　50
環境形成作用　109
環境形成作用-環境作用系　94, 109
環境雑草　6, 145
環境作用　109
環境保全型農業　11
慣行農法　124
乾性立地　104

帰化雑草　128, 159
帰化植物　5, 8, 128, 153
帰化植物率　166
帰化率　166
気孔　19
気孔コンダクタンス　32
キシュウスズメノヒエ　144
希少雑草　154, 168
擬態　65
擬態雑草　3, 4
ギャップ　69, 101, 105
ギャップ再生　105
旧帰化植物　132
球茎　59
吸光係数　36
休眠　49

休眠覚醒　53
休眠型　94
休眠種子　52
休眠性　45, 49
競合　70
強光阻害　12, 31
強制休眠　50
競争　70, 76, 79, 82, 158
競争種　112
競争度　77
共存指数　165
供与植物　116, 119
許容限界量　89
均質度係数　165
近世帰化植物　133

クロロフィル　12
クローン植物　35
クローン成長　35
群落　10, 36, 96, 101, 105, 108, 164
群落光合成モデル　39

景観　145
経済的閾値　90
経済的許容限界　90
形態指数　97
現代帰化植物　133

光合成　12
光合成有効波長域の光量子束密度　14
耕作放棄地　119
耕地雑草　4, 69
耕地生態系　10, 69, 71
好窒素性雑草　124
好窒素性植物　7
光量子束密度　14
小型雑草　121
古代帰化植物　133
個体数-順位関係　166
コヒメビエ　141
根茎　59
混合群落　69, 72, 75, 76, 83, 85
コンダクタンス　20

さ 行

サイズ依存的繁殖　46
最大光合成速度　18
砂丘　123
作物重群落比　81
雑草　1, 7
　——の起源　3
　——の許容限界　90
　——の定義　1
雑草害　10, 70, 73, 78, 81, 88
雑草害早期診断　78, 85
『雑草学・全』　1
雑草型　4
雑草重群落比　81, 86
雑草診断　164, 167
雑草性　43
雑草生態学　8
雑草フロラ　3
雑草抑圧力　73
雑草リスク評価モデル　151
砂漠化　106, 122
作用-反作用系　71
3戦略説　7, 44, 112
山草　5
サンフレック　16
散乱光　16

ジェネット　35
嗜好性　123, 158
自己間引き　116
史前帰化植物　64, 132, 134
自然生態系　4
湿性立地　104
自動散布　60
シーボルト　132
収量-密度効果　80
重力散布　61, 116
珠芽　59
種間競争　71, 72, 78, 83, 158
種子　42, 49, 55, 60, 70, 115, 141
　——の散布様式　45, 60
種子擬態　62
種子少産型多年生草本期　115
種子多産型多年生草本期　115
種内競争　78, 158

受容植物　116, 119
春化　55
純群落　69
純光合成速度　18
純同化率　14
蒸散　21, 74
上層類　102
状態診断　10
冗長度説　159
上繁草　158
初期フロラ決定モデル　111
植生状態指数　11, 168
植生遷移　94, 110
ショクヨウガヤツリ　143
除草剤　6, 89, 124, 164
除草剤抵抗性生物型　63
新帰化植物　133
人工生態系　4, 69
人工草地　120
新・生物多様性国家戦略　153, 161
診断学　8
陣地拡大型　96, 98, 100, 103, 107
陣地拡大戦術　96
陣地強化-拡大型　97, 103, 157
陣地強化型　96, 102, 157
陣地強化戦術　96
侵入雑草　70, 108
侵入者　69
侵入植物　159
森林雑草　6

水生雑草　6
水田型　66
水田雑草　64, 137
随伴雑草　62
水分競争　74
ススキ群落構成種　102
ストレス　12, 31, 75, 154, 161
ストレス耐性種　112
すみつき植物　2

生育型　94, 156
生育型戦術　94
生活環　46
生活史　42

索　引

生活史特性　43
成長　12
成長解析　14, 15
成長速度　14
静的回帰モデル　79, 80, 86
制約　109
生理的統合　35
絶滅危惧種　8
遷移　94, 107, 109
遷移学説　94
遷移系列　110
遷移診断　167
遷移度　125, 165
先駆者　60
戦略　44

草冠　107, 156
相互作用　86
相互被蔭　27
早産性　55
そう生型　94
相対出芽日数差　73, 80, 85, 88
草地　120
草地雑草　6
草地状態指数　167
層別刈り取り法　37, 38, 74
促進モデル　111

た　行

耐塩性雑草　122
耐塩性雑草群落　155
耐性モデル　112
多回繁殖型草本　48
他感作用　116, 119
他感物質　116, 119
多極相説　109
多種共存型　158
多種共存メカニズム　154
多年生雑草　46
多年生草本　35
多様性　158
「多様性-安定性」説　158
単極相説　110
短日性植物　55
単植群落　69, 72, 75, 76
炭素経済　13

地下茎　58
置換帰化　8
中規模攪乱仮説　155, 162
中性植物　55
中層類　102
チュンベリー　132
直達光　16
直立型　94

使い分け型　96, 103
使い分け戦術　96
つる型　94

適応度　44, 64
伝統的農法　124

冬生雑草　46
動的メカニズムモデル　79, 82, 86
特定外来生物　140, 147
トレードオフ　27, 58

な　行

内生休眠　50
二次休眠　50
二次遷移　60, 112, 166
二次遷移系列　110
二次的生成物　116
ニッチの分割　155
日中低下　21
日長反応性　46, 55
二年生雑草　46
二年生草本期　115, 116
『農業餘話』　130
農村生態系　9
野火　106

は　行

畑雑草　66, 137
畑地型　66
半乾燥地帯　123
半澤洵　1
半自然生態系　5, 7, 153

半自然草地　121, 122
繁殖　45
繁殖体　42

光競争　71, 83, 85
光馴化　25
光防御機構　31
光補償点　18
人里植物　5, 10, 137
非農耕地　108, 124, 153
ヒメアメリカアゼナ　134
表現型可塑性　55, 57

フィトクローム　31
富栄養化　124, 160
複合効果　119
複合抵抗性　63
付着散布　60
物質再生産過程　13
踏み跡植物　7
分枝型　94

閉鎖花　57

放牧利用　122
葡匍型　94
葡匍茎　59
『本草綱目』　130
『本草図譜』　130

ま　行

埋土種子　69, 115
埋土種子集団　51

ミクロサイト　14
水散布　60
密度依存的ギャップ　107
密度非依存的ギャップ　107
未判定外来生物　148

無限繁殖型　58

や　行

野草　1, 5
野草型　4

谷戸田　168

有害雑草　154
優占種-ギャップ-侵入雑草システム　93, 101
誘導休眠　50
輸入園芸資材　138
輸入飼料　137

要注意外来生物　148
養分競争　76
葉面積指数　36

葉面積比　14
陽葉　26
葉緑体　17
抑制モデル　112

ら　行

ライフサイクル　75
裸地検出機構　53
ラメット　35

リベット説　159

リレー遷移モデル　111
鱗茎　53, 59
ルビスコ　12

ロゼット　27, 48, 56
ロゼット型　94

わ　行

ワイルドフラワー　140

編著者略歴

根本正之（ねもと・まさゆき）
1946年　東京都に生まれる
1978年　東北大学大学院農学研究科修了
現　在　東京農業大学地域環境科学部教授
　　　　農学博士

雑 草 生 態 学　　　　　　　　　　　　定価はカバーに表示

2006年4月10日　初版第1刷
2012年7月25日　　　第5刷

　　　　　　　　編著者　根　本　正　之
　　　　　　　　発行者　朝　倉　邦　造
　　　　　　　　発行所　株式会社　朝　倉　書　店
　　　　　　　　　　　　東京都新宿区新小川町6-29
　　　　　　　　　　　　郵便番号　162-8707
　　　　　　　　　　　　電　話　03 (3260) 0141
　　　　　　　　　　　　FAX　03 (3260) 0180
　〈検印省略〉　　　　　　　http://www.asakura.co.jp

Ⓒ 2006〈無断複写・転載を禁ず〉　　　　　中央印刷・渡辺製本
ISBN 978-4-254-42030-2 C 3061　　　　　Printed in Japan

JCOPY 〈(社)出版者著作権管理機構　委託出版物〉
本書の無断複写は著作権法上での例外を除き禁じられています．複写される場合は，そのつど事前に，(社)出版者著作権管理機構（電話 03-3513-6969，FAX 03-3513-6979，e-mail: info@jcopy.or.jp）の許諾を得てください．

好評の事典・辞典・ハンドブック

火山の事典（第2版）　　　　　下鶴大輔ほか 編　B5判 592頁

津波の事典　　　　　　　　　首藤伸夫ほか 編　A5判 368頁

気象ハンドブック（第3版）　　新田　尚ほか 編　B5判 1032頁

恐竜イラスト百科事典　　　　小畠郁生 監訳　A4判 260頁

古生物学事典（第2版）　　　　日本古生物学会 編　B5判 584頁

地理情報技術ハンドブック　　高阪宏行 著　A5判 512頁

地理情報科学事典　　　　　　地理情報システム学会 編　A5判 548頁

微生物の事典　　　　　　　　渡邉　信ほか 編　B5判 752頁

植物の百科事典　　　　　　　石井龍一ほか 編　B5判 560頁

生物の事典　　　　　　　　　石原勝敏ほか 編　B5判 560頁

環境緑化の事典　　　　　　　日本緑化工学会 編　B5判 496頁

環境化学の事典　　　　　　　指宿堯嗣ほか 編　A5判 468頁

野生動物保護の事典　　　　　野生生物保護学会 編　B5判 792頁

昆虫学大事典　　　　　　　　三橋　淳 編　B5判 1220頁

植物栄養・肥料の事典　　　　植物栄養・肥料の事典編集委員会 編　A5判 720頁

農芸化学の事典　　　　　　　鈴木昭憲ほか 編　B5判 904頁

木の大百科［解説編］・［写真編］　平井信二 著　B5判 1208頁

果実の事典　　　　　　　　　杉浦　明ほか 編　A5判 636頁

きのこハンドブック　　　　　衣川堅二郎ほか 編　A5判 472頁

森林の百科　　　　　　　　　鈴木和夫ほか 編　A5判 756頁

水産大百科事典　　　　　　　水産総合研究センター 編　B5判 808頁

価格・概要等は小社ホームページをご覧ください．